KB244103

똑똑한 **하루**

빅터
연산

▼

기획총괄	박금옥
편집개발	지유경, 정소현, 조선영, 최윤석,
	김장미, 유혜지, 정하영, 김혜진, 유가현
디자인총괄	김희정
표지디자인	윤순미, 심지현
내지디자인	이은정, 김정우, 퓨리티
제작	황성진, 조규영
발행일	2024년 8월 15일 초판 2024년 8월 15일 1쇄
발행인	(주)천재교육
주소	서울시 금천구 가산로9길 54
신고번호	제2001-000018호
고객센터	1577-0902

똑똑한 하루
빅터연산
초등 3 수준
지루하고 힘든 연산은 OUT!
쉽고 재미있는 빅터연산으로 연산홀릭
3·B
초등 3 수준

빅터 연산 단/계/별 학습 내용

구성과 특징

3단계 **B**권

흥미

만화로 흥미 UP

학습할 내용을 만화로 먼저 보면 흥미와 관심을 높일 수 있습니다.

개념 & 원리

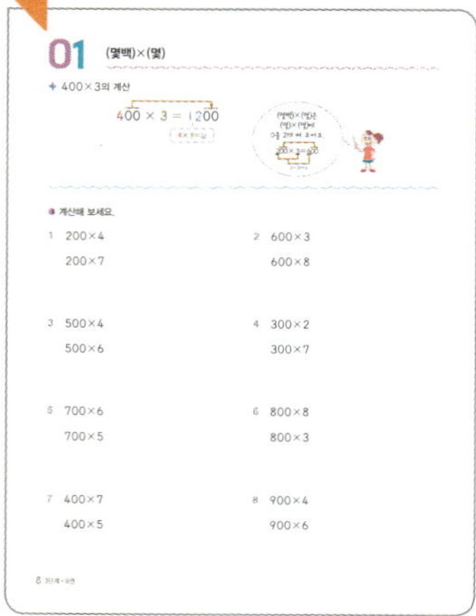

개념 & 원리 탄탄

연산의 원리를 쉽고 재미있게 확실히 이해하도록 하였습니다.
원리 이해를 돕는 문제로 연산의 기본을 다집니다.

정확성

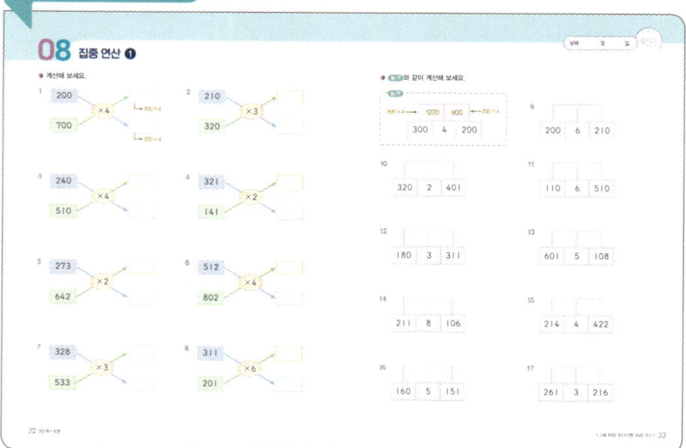

집중 연산

집중 연산을 통해 연산을 더 빠르고 더 정확하게 해결할 수 있게
됩니다.

다양한 유형

다양한 유형으로 흥미 UP

수수께끼, 연상퀴즈 등 다양한 형태의 문제로
게임보다 더 쉽고 재미있게 연산을 학습하면서
실력을 쌓을 수 있습니다.

차례

(세 자리 수)×(한 자리 수) ⑴

짜
성냥가게
잔
헤어살롱
중화반점

드디어 내 가게가 생긴 거야.
감
동

이제 추운 길거리에서 성냥을 팔지 않아도 되겠네?
응!

앞으로 열심히 해서 성냥 가게를 더 크게 키울 거야!
이글 이글

그 전에 청소도 하고 성냥도 가져 와야지. 그렇게 게으름 피우지 말고~.
익!

그럼 좀 도와줘!
태격
티격
내가 왜? 귀찮아.

아차! 이러고 있을 때가 아니지. 청소부터 해야겠어.
아까부터 내가 한 말이잖아.

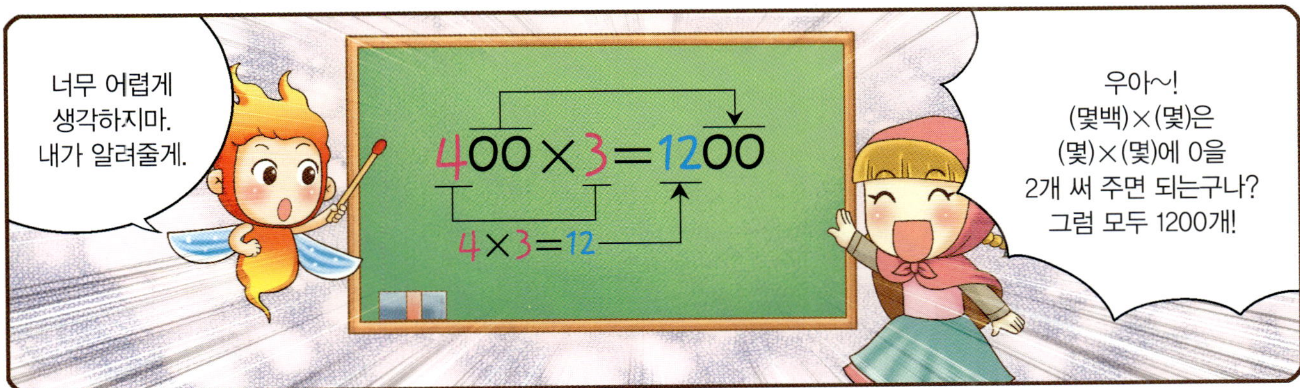

- ▶ (몇백)×(몇)
- ▶ (몇백몇십)×(몇)
- ▶ 올림이 없는 (세 자리 수)×(한 자리 수)
- ▶ 올림이 1번 있는 (세 자리 수)×(한 자리 수)

연산력 게임

스마트폰을 이용하여 QR을 찍으면 재미있는 연산 게임을 할 수 있습니다.

01 (몇백)×(몇)

✚ 400×3의 계산

$$400 \times 3 = 1200$$

$4 \times 3 = 12$

● 계산해 보세요.

1 200×4

200×7

2 600×3

600×8

3 500×4

500×6

4 300×2

300×7

5 700×6

700×5

6 800×8

800×3

7 400×7

400×5

8 900×4

900×6

● 전단지의 가격을 보고 내야 할 돈은 얼마인지 구하세요.

9 태은 〈 사탕 8개를 살 거야.

식 $200 \times 8 = \boxed{}$

답 ________ 원

10 재호 〈 초콜릿 8개를 살 거야.

식 $400 \times 8 = \boxed{}$

답 ________ 원

11 혜성 〈 요구르트 6개를 살 거야.

식 ________

답 ________ 원

12 찬일 〈 쿠키 7개를 살 거야.

식 ________

답 ________ 원

13 다솜 〈 아이스크림 5개를 살 거야.

식 ________

답 ________ 원

14 지웅 〈 우유 6개를 살 거야.

식 ________

답 ________ 원

02 올림이 없는 (몇백몇십)×(몇)

✚ 230×3의 계산

$$230 \times 3 = 690$$

$23 \times 3 = 69$

● 계산해 보세요.

1　310×2

　430×2

2　110×7

　120×3

3　210×4

　330×3

4　410×2

　130×3

5　120×4

　210×3

6　320×2

　420×2

7　220×4

　130×2

8　310×3

　320×3

음식을 먹어서 생기는 에너지예요. 이 에너지의 단위를 kcal(킬로칼로리)라고 써요.

● **음식별 열량을 나타낸 것입니다. 각각의 열량을 구하세요.**

쌀밥	갈비탕	도라지 나물	사과 주스	배 주스	짬뽕	우동	치즈 버거
1공기 320 kcal	1인분 220 kcal	1접시 110 kcal	1캔 240 kcal	1캔 140 kcal	1인분 430 kcal	1인분 330 kcal	1개 310 kcal

9  2공기

식   320×2=☐

답   ______ kcal

10 3인분

식   220×3=☐

답   ______ kcal

11  4접시

식   ________________

답   ______ kcal

12 2캔

식   ________________

답   ______ kcal

13  2캔

식   ________________

답   ______ kcal

14 2인분

식   ________________

답   ______ kcal

15  3인분

식   ________________

답   ______ kcal

16  3개

식   ________________

답   ______ kcal

03 올림이 있는 (몇백몇십)×(몇)

✤ 270×3의 계산

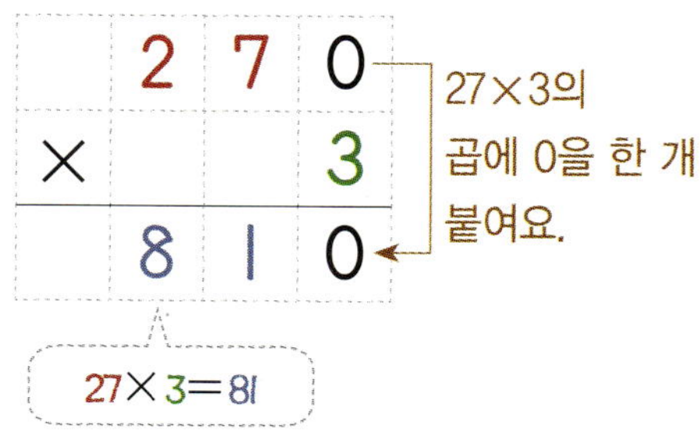

● 계산해 보세요.

1

```
    4 3 0
×       3
```

2

```
    1 8 0
×       5
```

3

```
    4 2 0
×       4
```

4

```
    2 9 0
×       2
```

5

```
    6 1 0
×       7
```

6

```
    5 3 0
×       2
```

7

```
    3 2 0
×       4
```

8

```
    7 1 0
×       5
```

9

```
    1 7 0
×       3
```

● 다음 도형은 각 변의 길이가 모두 같습니다. 도형의 모든 변의 길이의 합을 구하세요.

10

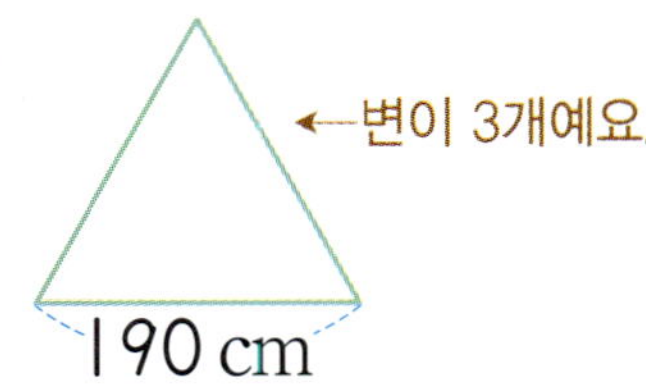

$$190 \times 3 = \boxed{}$$

식 ____________________

답 ________________ cm

11

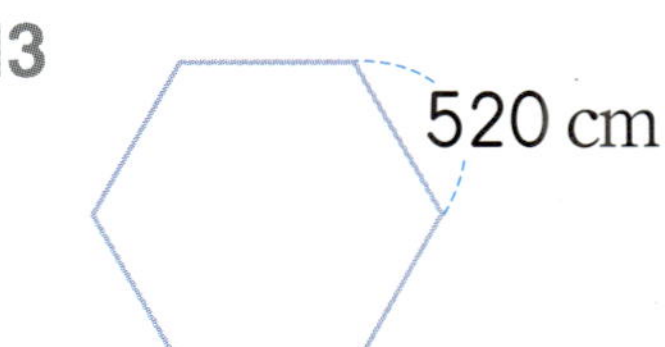

$$370 \times 4 = \boxed{}$$

식 ____________________

답 ________________ cm

12

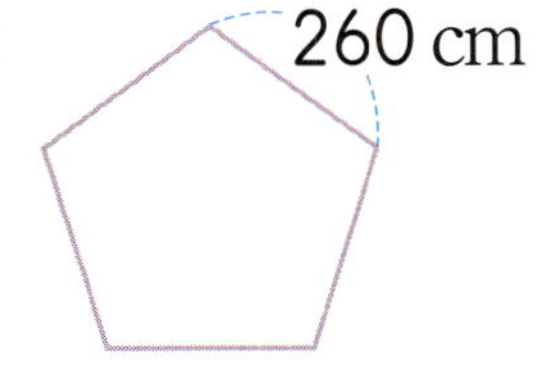

식 ____________________

답 ________________ cm

13

식 ____________________

답 ________________ cm

14

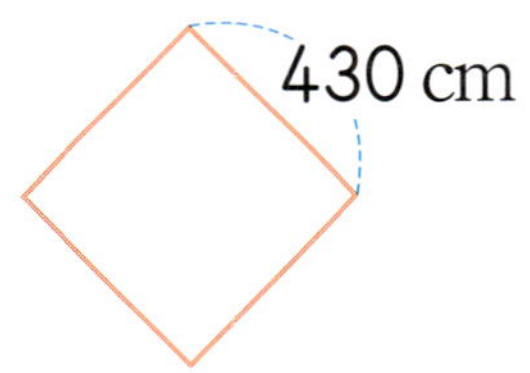

식 ____________________

답 ________________ cm

15

식 ____________________

답 ________________ cm

16

식 ____________________

답 ________________ cm

17

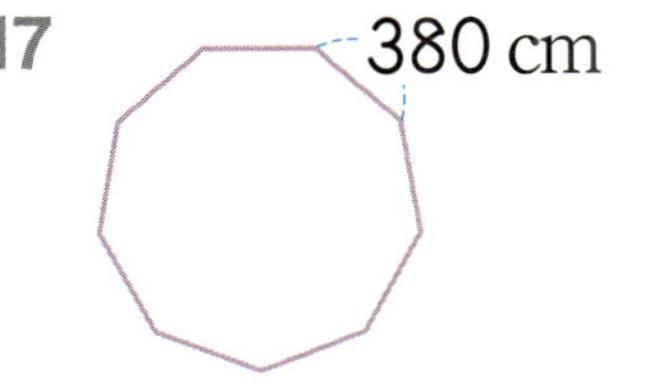

식 ____________________

답 ________________ cm

04 올림이 없는 (세 자리 수)×(한 자리 수)

✛ 123×2의 계산

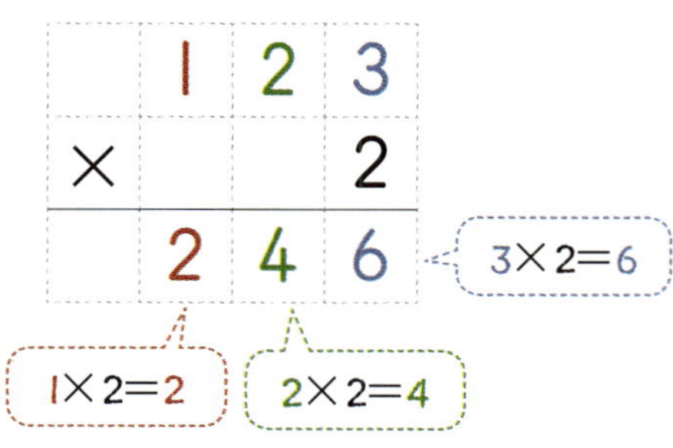

● 계산해 보세요.

1
```
  1 0 1
×     5
```

2
```
  3 1 1
×     2
```

3
```
  2 1 3
×     2
```

4
```
  1 1 2
×     2
```

5
```
  2 2 2
×     3
```

6
```
  4 0 3
×     2
```

7
```
  1 3 2
×     2
```

8
```
  4 4 1
×     2
```

9
```
  3 3 2
×     3
```

● **계산해 보세요.**

10 311×3

11 324×2

12 424×2

13 221×3

14 141×2

15 111×3

16 122×2

17 344×2

18 423×2

19 302×3

20 313×3

21 213×3

862	846	848	648	363
484	939	808	688	622
408	663	906	244	996
248	884	642	933	606
826	333	639	282	822

05 일의 자리에서 올림이 있는 (세 자리 수)×(한 자리 수)

✤ 123×4의 계산

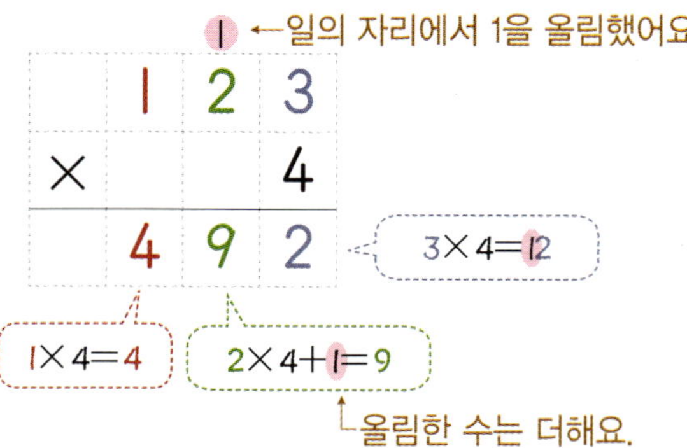

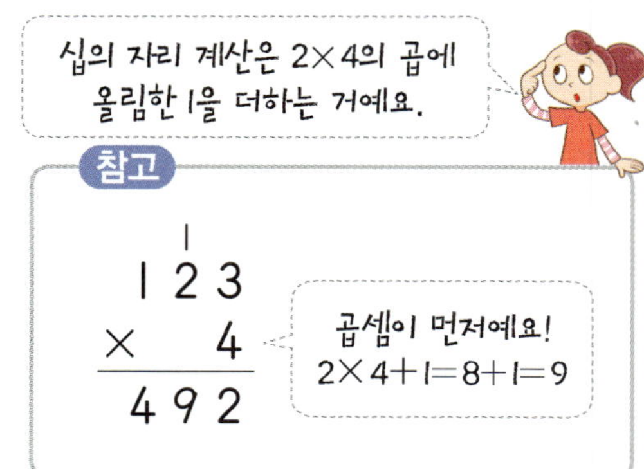

● 계산해 보세요.

1
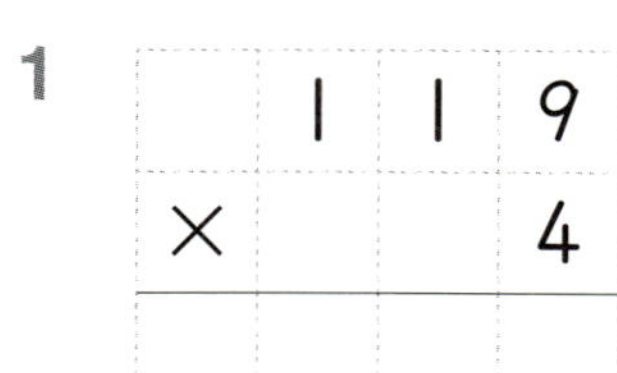

```
    1 1 9
  ×     4
```

2
```
    1 0 3
  ×     8
```

3
```
    1 1 7
  ×     5
```

4
```
    3 2 8
  ×     3
```

5
```
    2 1 4
  ×     3
```

6
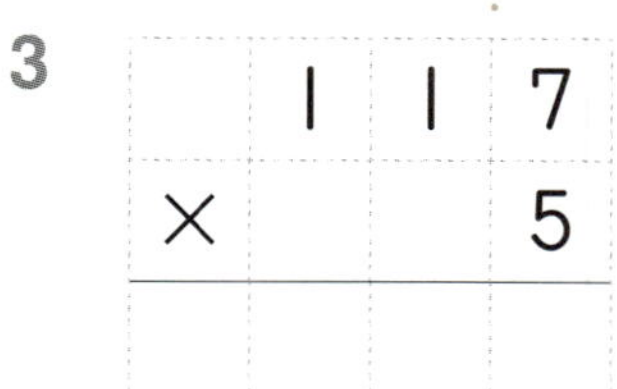

```
    1 1 6
  ×     4
```

7
```
    2 1 7
  ×     3
```

8
```
    3 3 9
  ×     2
```

9
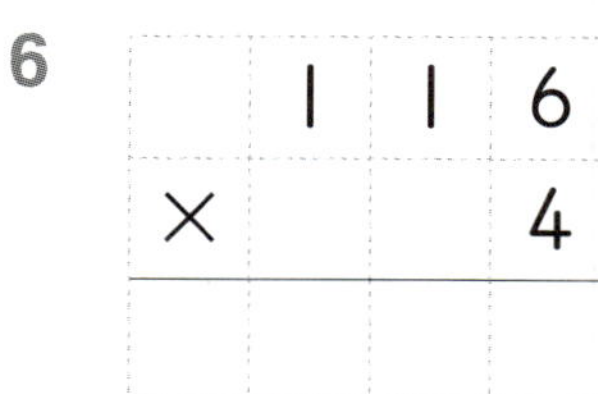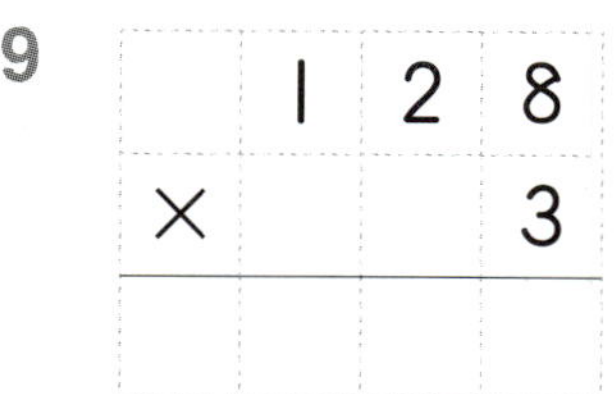

```
    1 2 8
  ×     3
```

● 계산해 보세요.

10 $118 \times 5 =$ ⬚ 검

11 $124 \times 3 =$ ⬚ 색

12 $338 \times 2 =$ ⬚ 기

13 $219 \times 4 =$ ⬚ 은

14 $112 \times 8 =$ ⬚ 연

15 $124 \times 4 =$ ⬚ 악

16 $314 \times 3 =$ ⬚ 주

17 $439 \times 2 =$ ⬚ 흰

18 $102 \times 9 =$ ⬚ 색

연상퀴즈

878	372		590	876	918		896	942		496	676
		,				,			,		

06 십의 자리에서 올림이 있는 (세 자리 수)×(한 자리 수)

✤ 142×4의 계산

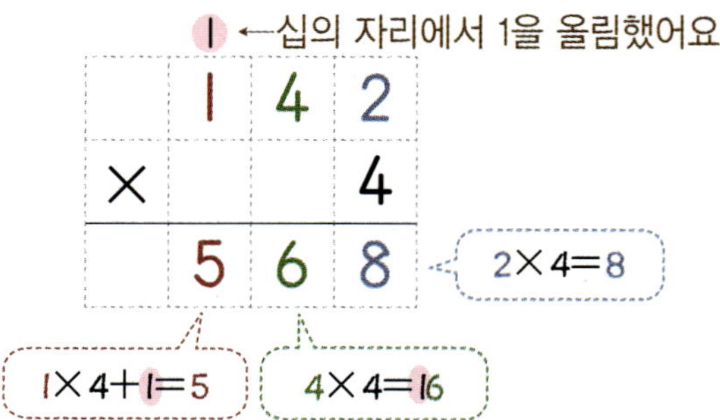

● 계산해 보세요.

1

	2	3	1
×			4

2

	4	5	1
×			2

3

	4	9	2
×			2

4

	1	6	1
×			4

5

	2	7	2
×			3

6

	1	9	3
×			3

7

	3	8	2
×			2

8

	2	5	3
×			2

9

	1	9	1
×			5

● **전체 과일의 수를 구하세요.**

10

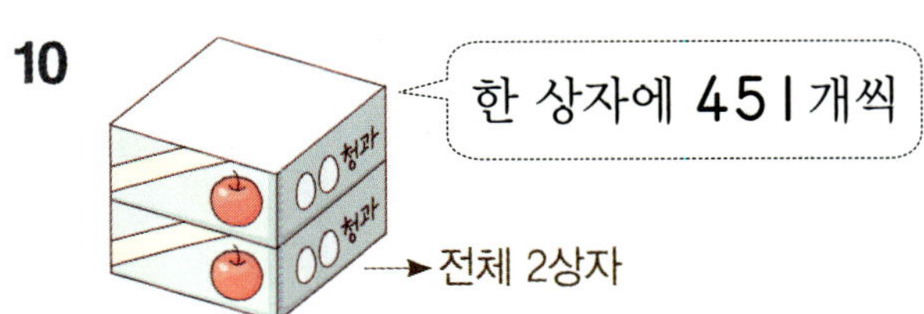

➡ 451×2=☐ (개)

11

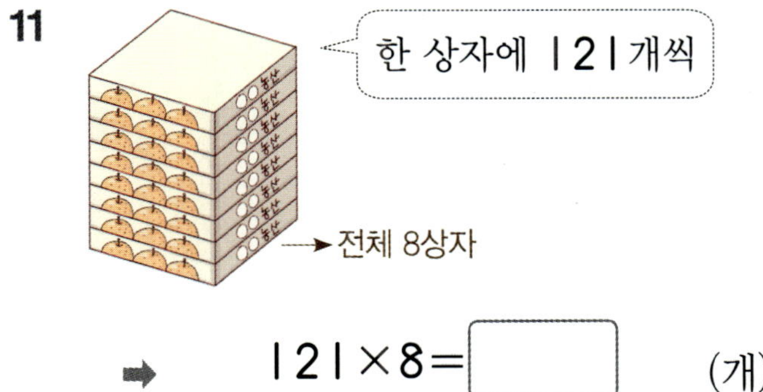

➡ 121×8=☐ (개)

12

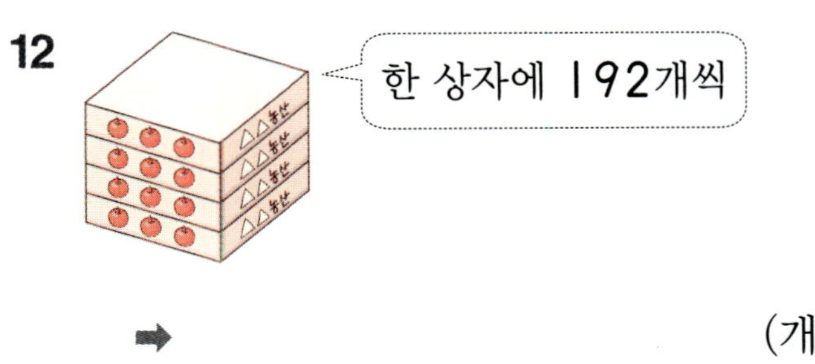

➡ ＿＿＿＿＿ (개)

13

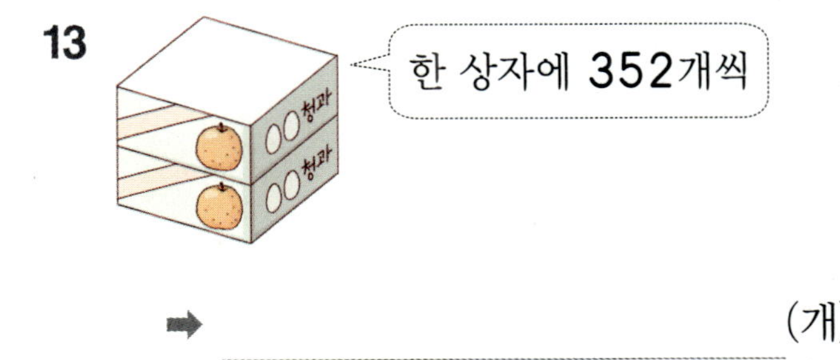

➡ ＿＿＿＿＿ (개)

14

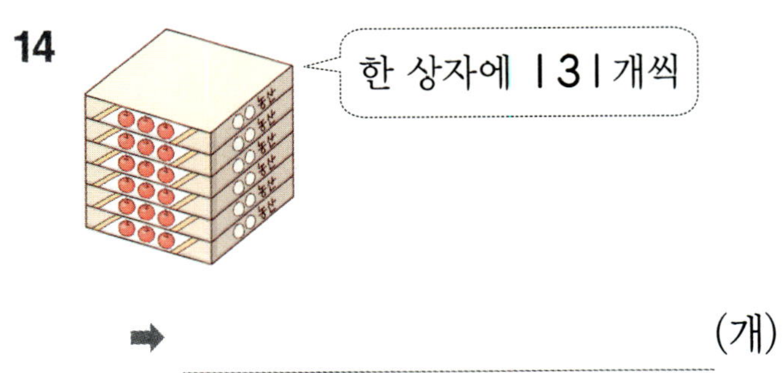

➡ ＿＿＿＿＿ (개)

15

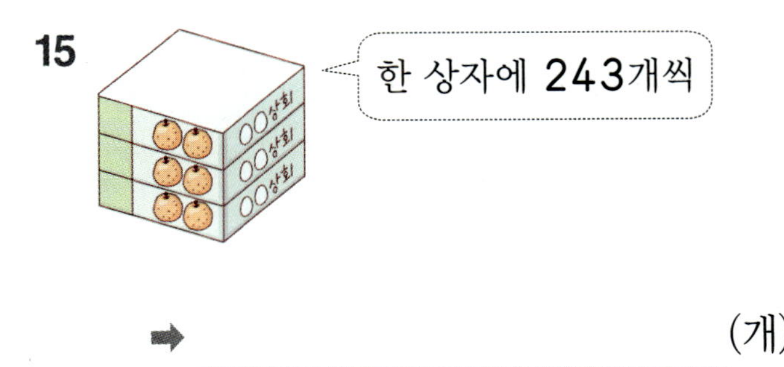

➡ ＿＿＿＿＿ (개)

16

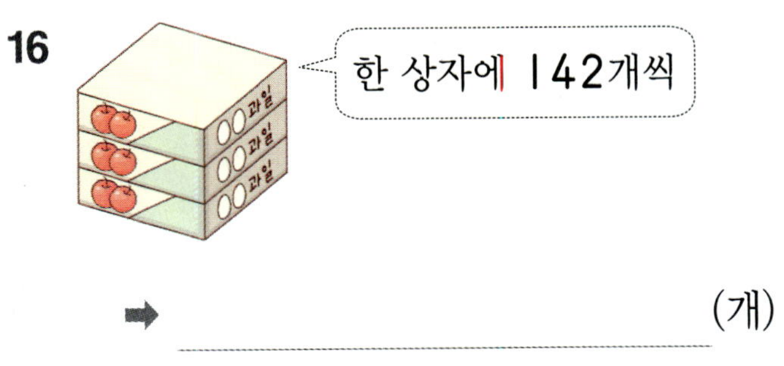

➡ ＿＿＿＿＿ (개)

17

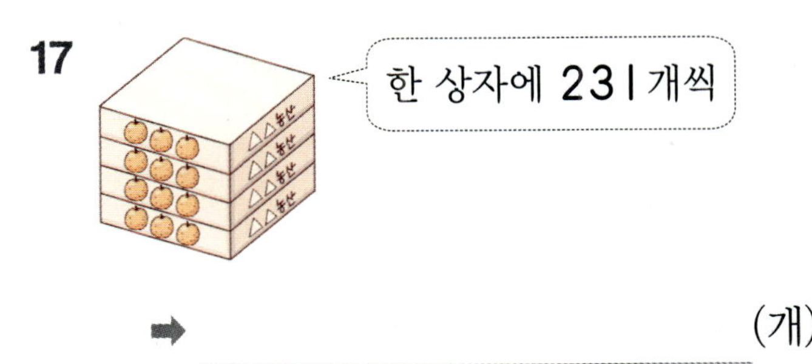

➡ ＿＿＿＿＿ (개)

07 백의 자리에서 올림이 있는 (세 자리 수)×(한 자리 수)

✚ 531×3의 계산

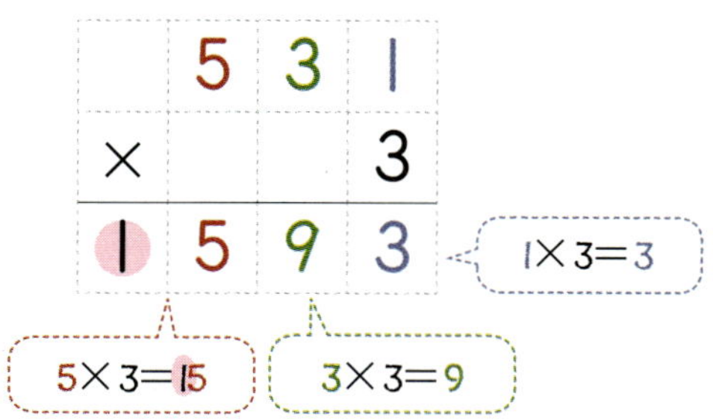

● 계산해 보세요.

1
```
    2 1 1
  ×     8
```

2
```
    5 0 2
  ×     3
```

3
```
    7 2 4
  ×     2
```

4
```
    9 1 3
  ×     3
```

5
```
    6 2 1
  ×     4
```

6
```
    8 3 2
  ×     3
```

7
```
    7 0 4
  ×     2
```

8
```
    5 0 3
  ×     3
```

9
```
    6 1 4
  ×     2
```

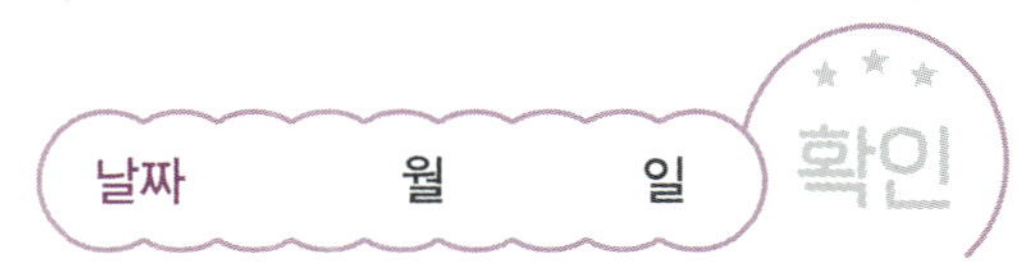

● 계산해 보세요.

10 433×3 = ☐ 바

11 612×4 = ☐ 머

12 911×8 = ☐ 노

13 724×2 = ☐ 지

14 821×4 = ☐ 반

15 611×9 = ☐ 빨

16 512×3 = ☐ 리

17 814×2 = ☐ 란

18 501×6 = ☐ 간

다음 중 세윤이는 누구일까요?
계산 결과에 해당하는 글자를 써넣으면 세윤이를 알 수 있어요.

5499	3006	2448	1536		7288	1628	3284	1299	1448
				,					

● 계산해 보세요.

1 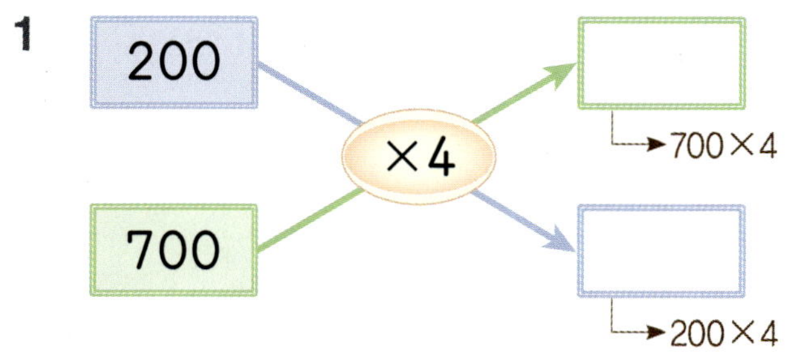

2 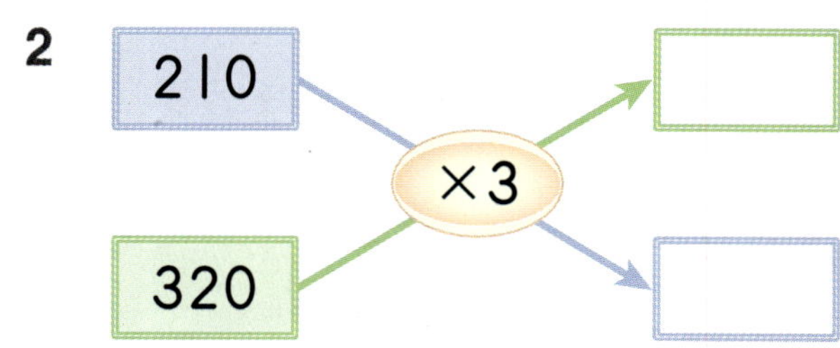

3 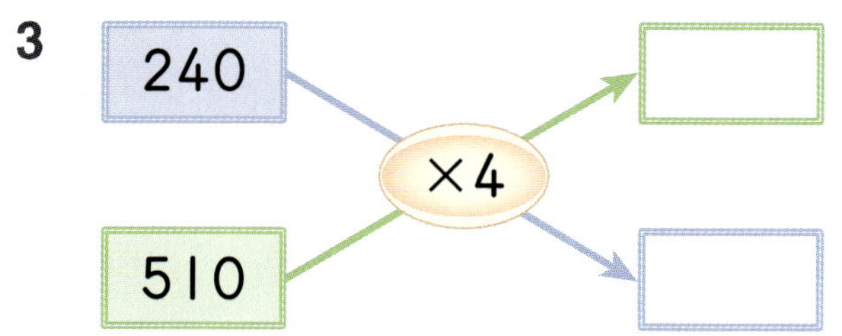

4 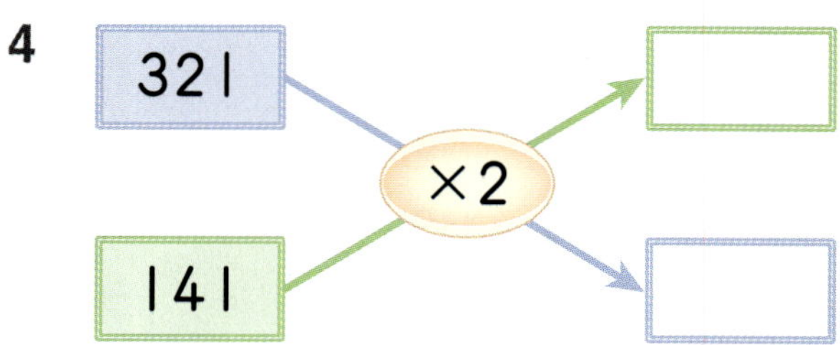

5 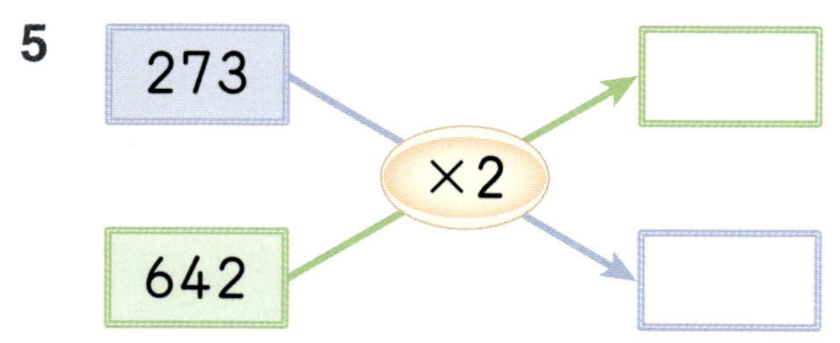

6 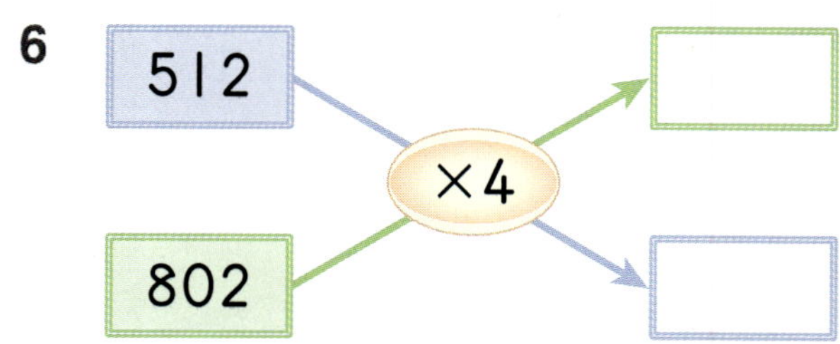

7 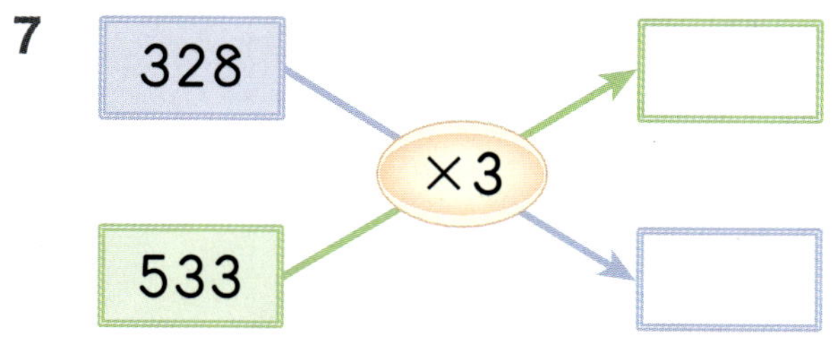

8 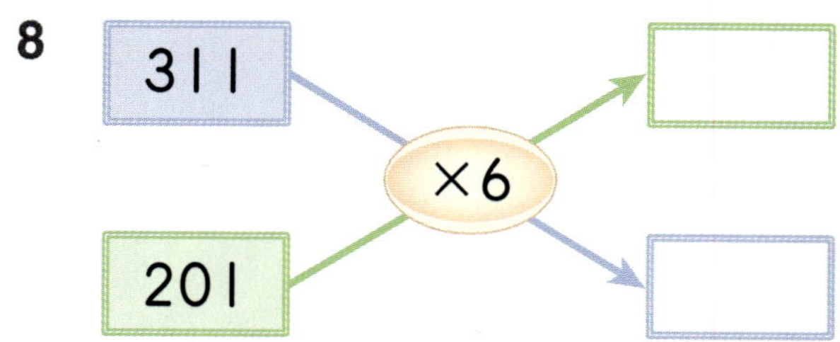

● 보기와 같이 계산해 보세요.

보기

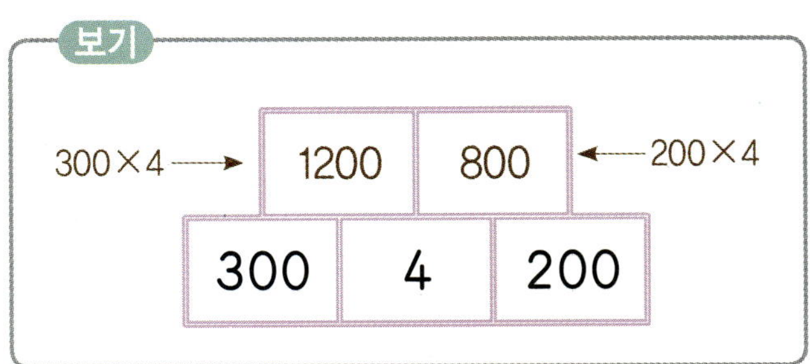

9

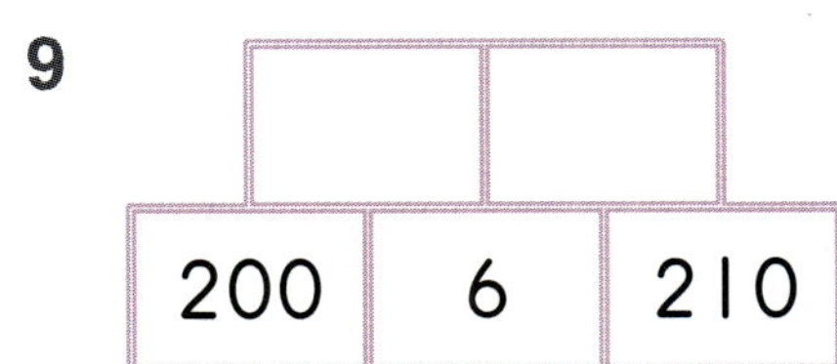

10

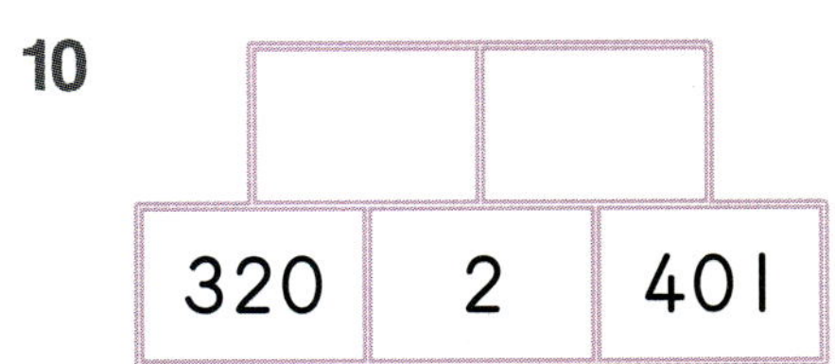

11

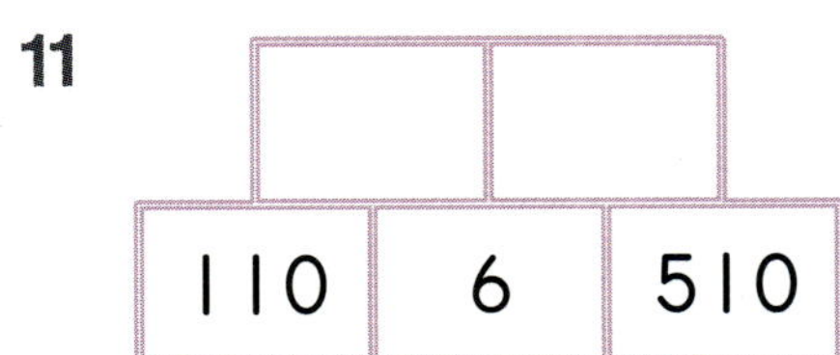

12

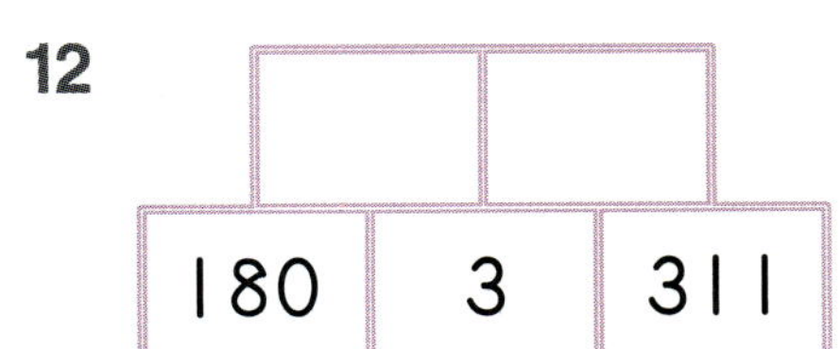

13

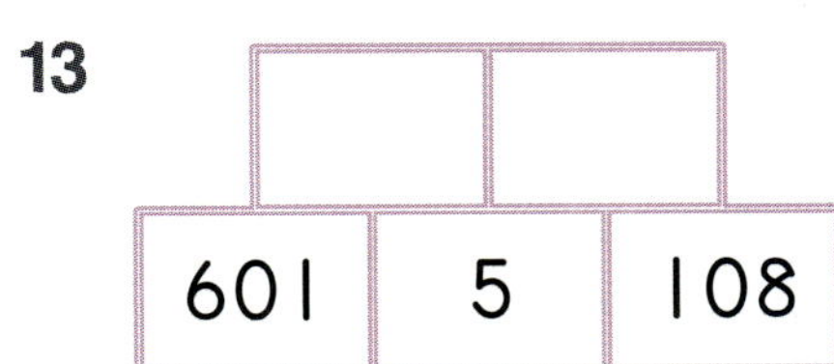

14

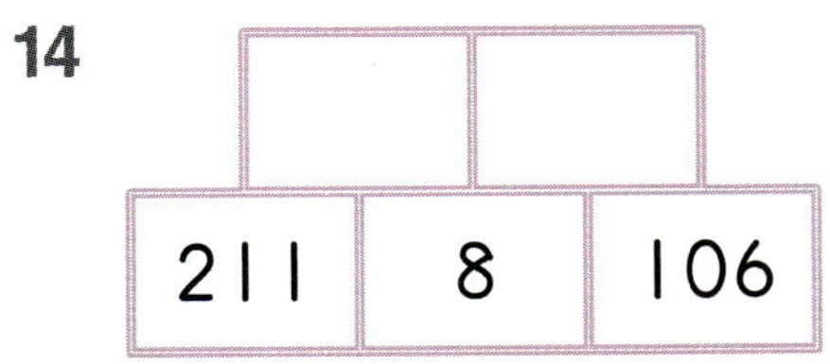

15

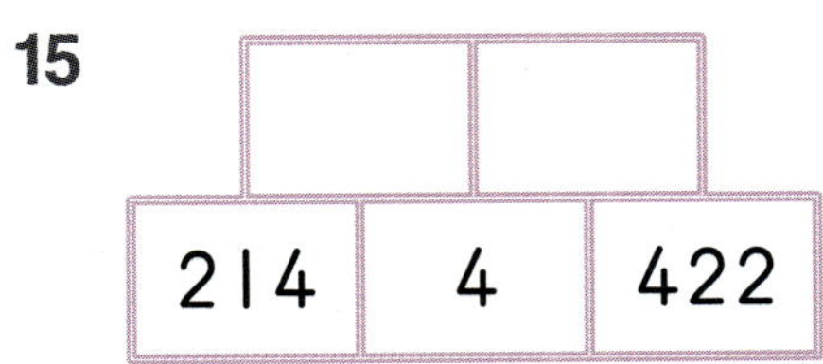

16

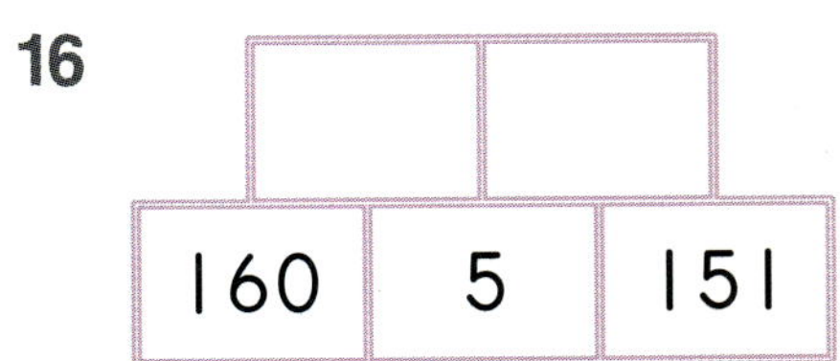

17

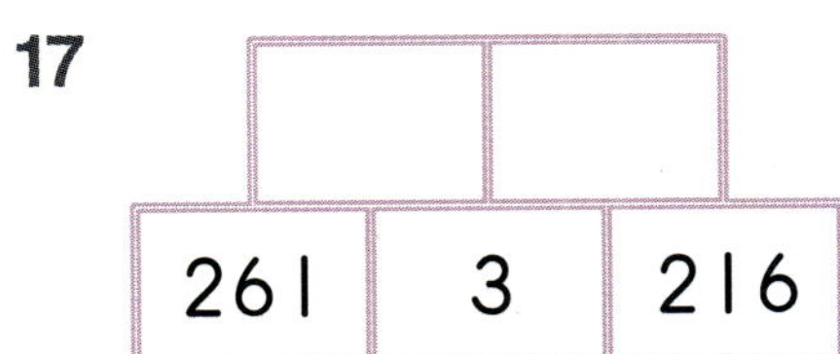

● 계산해 보세요.

1
$$\begin{array}{r} 3\,0\,0 \\ \times\quad 6 \\ \hline \end{array}$$

2
$$\begin{array}{r} 1\,1\,1 \\ \times\quad 5 \\ \hline \end{array}$$

3
$$\begin{array}{r} 3\,3\,2 \\ \times\quad 3 \\ \hline \end{array}$$

4
$$\begin{array}{r} 2\,2\,0 \\ \times\quad 4 \\ \hline \end{array}$$

5
$$\begin{array}{r} 4\,4\,3 \\ \times\quad 2 \\ \hline \end{array}$$

6
$$\begin{array}{r} 2\,0\,2 \\ \times\quad 3 \\ \hline \end{array}$$

7
$$\begin{array}{r} 3\,5\,2 \\ \times\quad 2 \\ \hline \end{array}$$

8
$$\begin{array}{r} 5\,1\,2 \\ \times\quad 4 \\ \hline \end{array}$$

9
$$\begin{array}{r} 8\,1\,0 \\ \times\quad 5 \\ \hline \end{array}$$

10
$$\begin{array}{r} 2\,1\,1 \\ \times\quad 9 \\ \hline \end{array}$$

11
$$\begin{array}{r} 9\,3\,1 \\ \times\quad 3 \\ \hline \end{array}$$

12
$$\begin{array}{r} 4\,5\,2 \\ \times\quad 2 \\ \hline \end{array}$$

13
$$\begin{array}{r} 1\,1\,8 \\ \times\quad 5 \\ \hline \end{array}$$

14
$$\begin{array}{r} 1\,6\,1 \\ \times\quad 6 \\ \hline \end{array}$$

15
$$\begin{array}{r} 7\,2\,3 \\ \times\quad 3 \\ \hline \end{array}$$

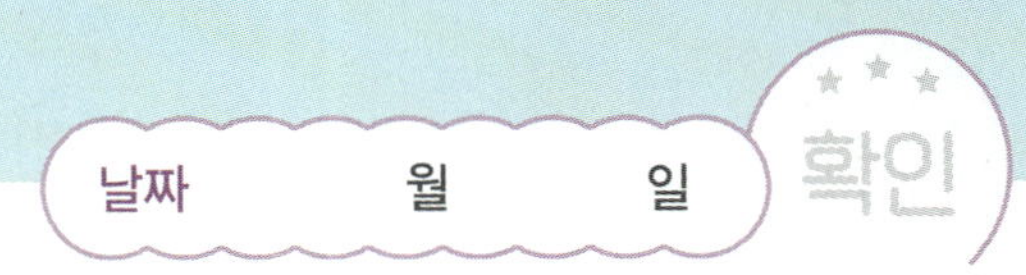

16　200×4

600×4

17　322×2

330×3

18　222×2

341×2

19　424×2

430×2

20　201×4

223×3

21　124×2

302×3

22　492×2

451×2

23　152×3

132×4

24　201×7

211×9

25　310×7

812×4

2 (세 자리 수)×(한 자리 수) (2)

애
앵
얍!
으악
짝

와아~!
멋지다!
짝
짝
척

어… 어떡하지?
왜?
무슨 일이야?
부들
부들

그게 아니라~.
휙

가게에 손님이
하나도 없잖아!
헉! 이러다
망하겠는걸?
텅
텅

그럼 개업 이벤트를
해서 손님을 모으자!

개업
이벤트?

342×9는
얼마일까요?
짠

이 문제를 맞추시면 성냥을 드립니다.
웅성
웅성

내가 맞혀 볼게! 답은 3078이야.
3 1
342
× 9
3078
2×9=18
4×9+1=37
3×9+3=30

정답입니다. 여기 있습니다.
야호!

정말 성냥을 주네?
나도 맞힐게!
나도~

모두 맞혔어요.
자~ 성냥 받아가세요.

휴~ 바쁘지만 기뻐하는 사람들을 보니 나도 기쁘네.
큰일이야. 성냥소녀!

성냥을 다 나누어 주는 바람에 팔 성냥이 없다고!
끄아~. 난 망했다….

01 올림이 2번 있는 (세 자리 수)×(한 자리 수) (1)

✚ 674×2의 계산

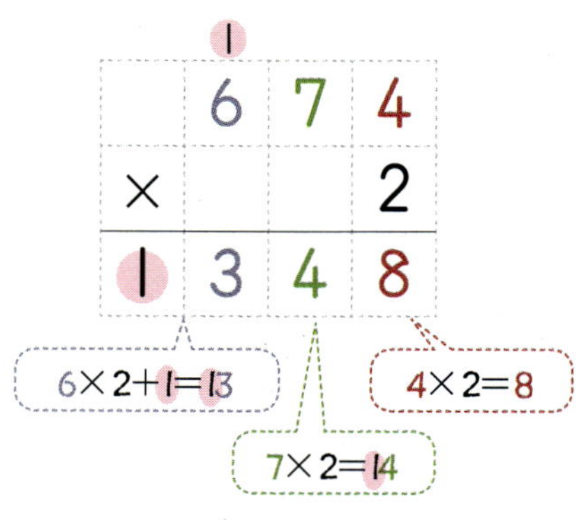

참고

● 계산해 보세요.

1

```
    4 9 3
  ×     3
```

2

```
    5 6 1
  ×     9
```

3

```
    3 7 5
  ×     2
```

4

```
    5 1 3
  ×     7
```

5

```
    7 4 2
  ×     3
```

6

```
    3 1 6
  ×     4
```

7

```
    9 5 1
  ×     3
```

8

```
    6 2 5
  ×     2
```

9

```
    3 0 9
  ×     5
```

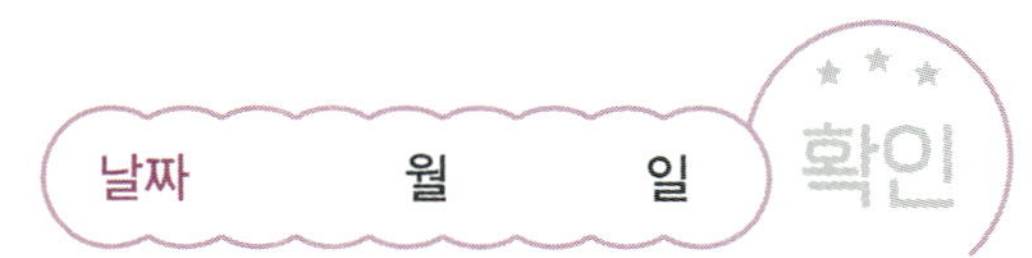

● 계산해 보세요.

10

$$\begin{array}{r} 4\ 3\ 2 \\ \times\quad 4 \\ \hline \end{array}$$

11

$$\begin{array}{r} 3\ 6\ 1 \\ \times\quad 5 \\ \hline \end{array}$$

12

$$\begin{array}{r} 8\ 5\ 1 \\ \times\quad 2 \\ \hline \end{array}$$

13

$$\begin{array}{r} 5\ 7\ 2 \\ \times\quad 3 \\ \hline \end{array}$$

14

$$\begin{array}{r} 9\ 3\ 5 \\ \times\quad 2 \\ \hline \end{array}$$

15

$$\begin{array}{r} 6\ 7\ 2 \\ \times\quad 3 \\ \hline \end{array}$$

16

$$\begin{array}{r} 2\ 5\ 1 \\ \times\quad 9 \\ \hline \end{array}$$

17

$$\begin{array}{r} 4\ 6\ 2 \\ \times\quad 4 \\ \hline \end{array}$$

18

$$\begin{array}{r} 4\ 9\ 1 \\ \times\quad 6 \\ \hline \end{array}$$

19

$$\begin{array}{r} 3\ 3\ 1 \\ \times\quad 8 \\ \hline \end{array}$$

20

$$\begin{array}{r} 1\ 2\ 5 \\ \times\quad 5 \\ \hline \end{array}$$

21

$$\begin{array}{r} 9\ 5\ 2 \\ \times\quad 3 \\ \hline \end{array}$$

✛ 216×6의 계산

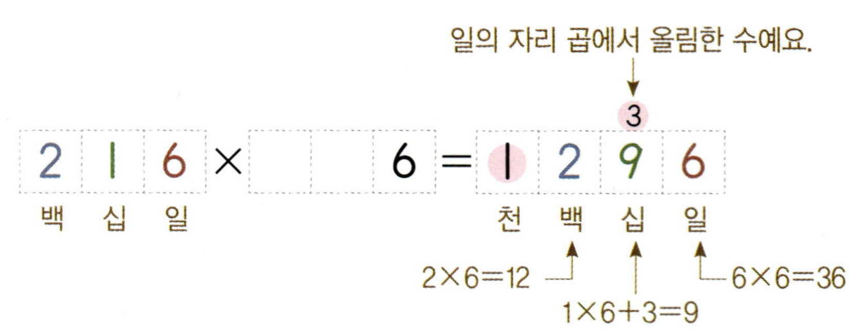

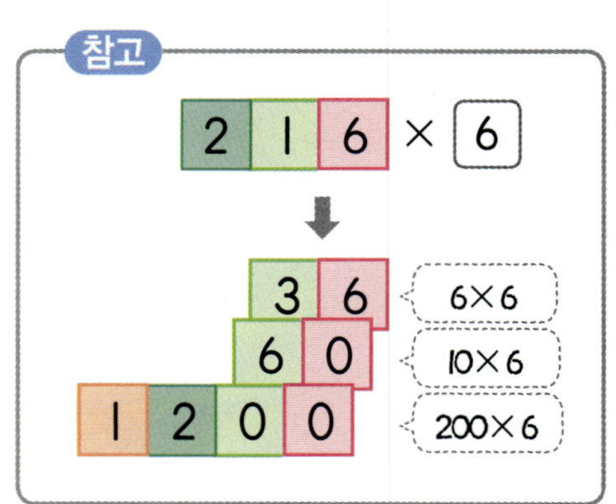

● 계산해 보세요.

1 312×7

2 267×3

3 491×6

4 846×2

5 917×3

6 418×4

7 316×5

8 654×2

9 128×6

10 893×3

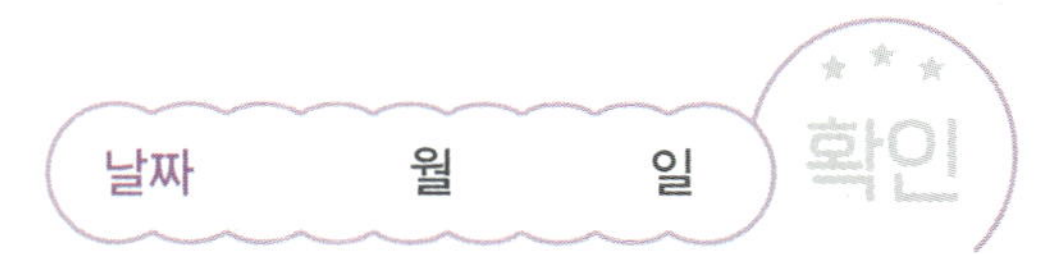

● 동물의 다리는 모두 몇 개인지 구하세요.

11

➡ 762×4= ☐ (개)

12

➡ 835×2= ☐ (개)

13

➡ __________________ (개)

14

➡ __________________ (개)

15

➡ __________________ (개)

16

➡ __________________ (개)

17

➡ __________________ (개)

18

➡ __________________ (개)

19

➡ __________________ (개)

20

➡ __________________ (개)

03 올림이 3번 있는 (세 자리 수)×(한 자리 수) (1)

✤ 342×9의 계산

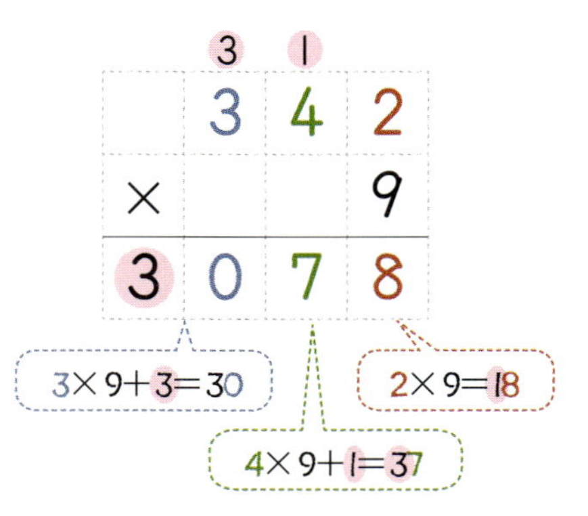

참고

	3	4	2	
×			9	
		1	8	← 2×9
	3	6	0	← 40×9
2	7	0	0	← 300×9
3	0	7	8	← 18+360+2700

● 계산해 보세요.

1
```
    7 4 6
  ×     4
```

2
```
    5 4 8
  ×     5
```

3
```
    6 9 2
  ×     7
```

4
```
    4 7 6
  ×     3
```

5
```
    5 6 7
  ×     6
```

6
```
    3 2 9
  ×     8
```

7
```
    5 3 6
  ×     8
```

8
```
    3 6 5
  ×     7
```

9
```
    9 2 3
  ×     9
```

● 계산해 보세요.

10
```
  4 5 3
×     6
```
가

11
```
  3 5 4
×     8
```
시

12
```
  4 6 5
×     4
```
화

13
```
  2 7 8
×     7
```
방

14
```
  3 8 4
×     5
```
전

15
```
  5 7 9
×     3
```
모

16
```
  2 4 9
×     9
```
책

17
```
  7 5 6
×     5
```
팔

18
```
  5 2 2
×     7
```
찌

19
```
  5 6 3
×     9
```
거

20
```
  8 5 6
×     2
```
자

21
```
  2 9 6
×     5
```
계

1712	1920	5067

04 올림이 3번 있는 (세 자리 수)×(한 자리 수) ⑵

✚ 657×5의 계산

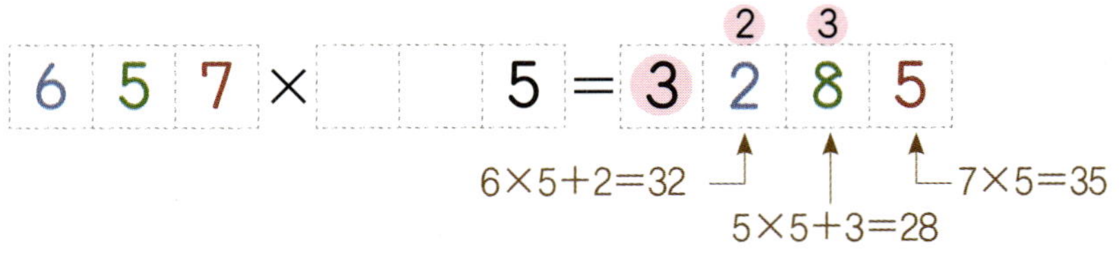

● 계산해 보세요.

1 678×2

2 777×7

3 569×8

4 245×9

5 467×6

6 383×4

7 528×9

8 785×4

9 697×3

10 893×5

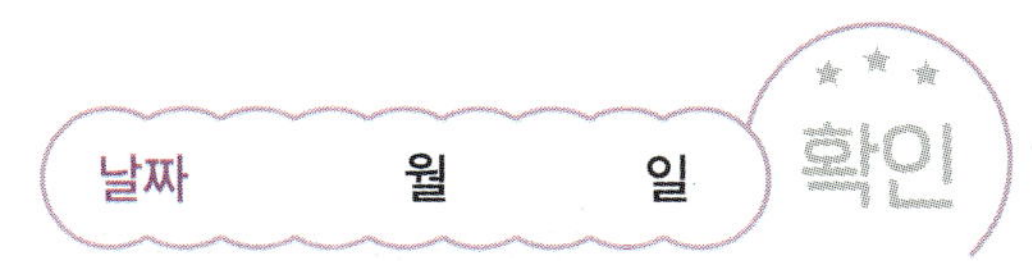

● 거미줄의 같은 줄에 있는 수끼리 곱하여 빈칸에 알맞은 수를 써넣으세요.

11

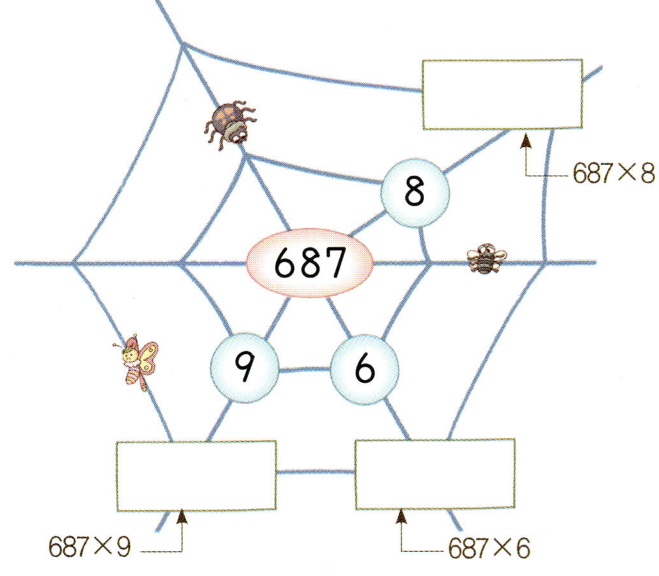

12

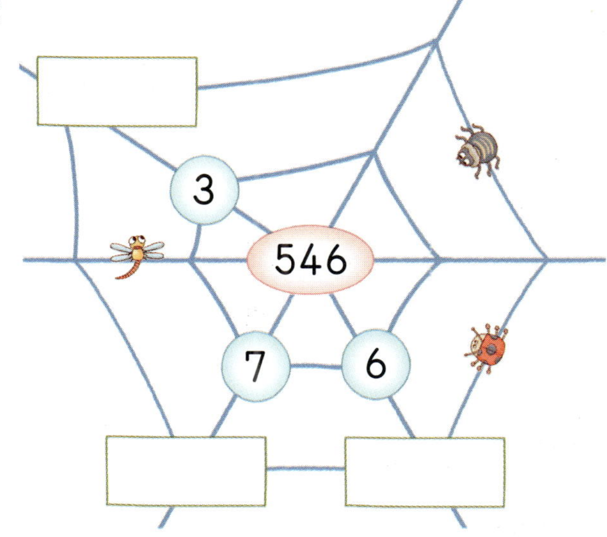

13

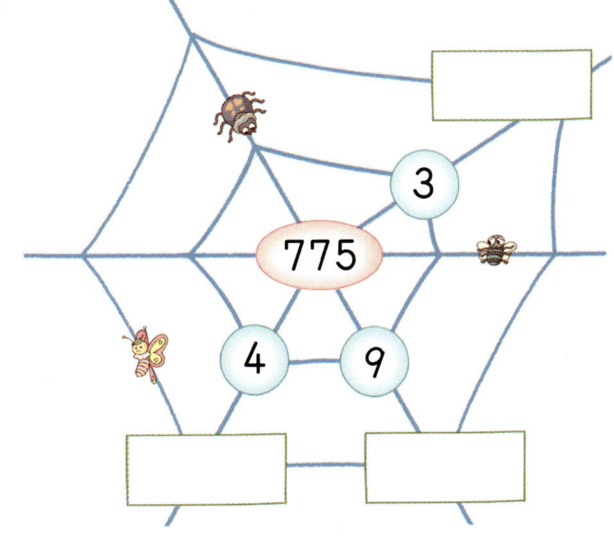

14

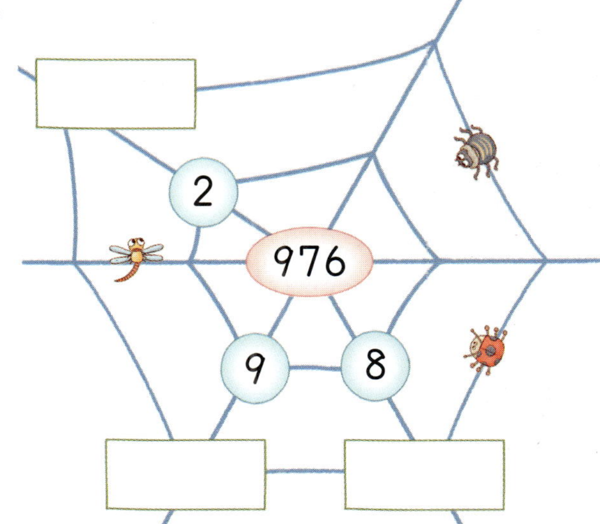

05 세 수의 곱셈

✦ 172×2×4의 계산

172×2×4=1376
344
1376

172×2×4=1376
8
1376

● 계산해 보세요.

1 116×2×3=☐

2 251×3×3=☐

3 453×2×2

4 252×3×2

5 132×4×2

6 386×2×4

7 3×317×3

8 3×3×265

9 세 수의 곱셈을 하여 답이 맞는 쪽으로 따라 가서 찾을 수 있는 보물 상자에 ○표 하세요.

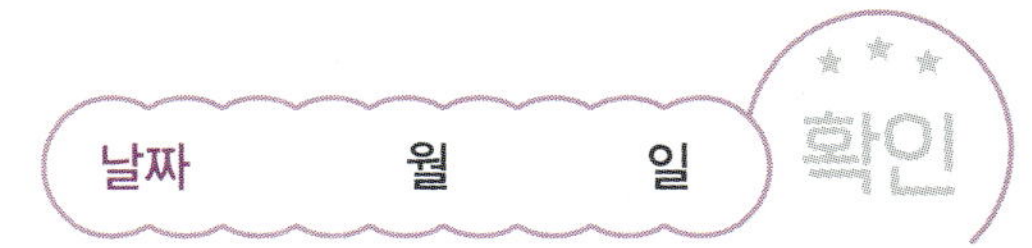

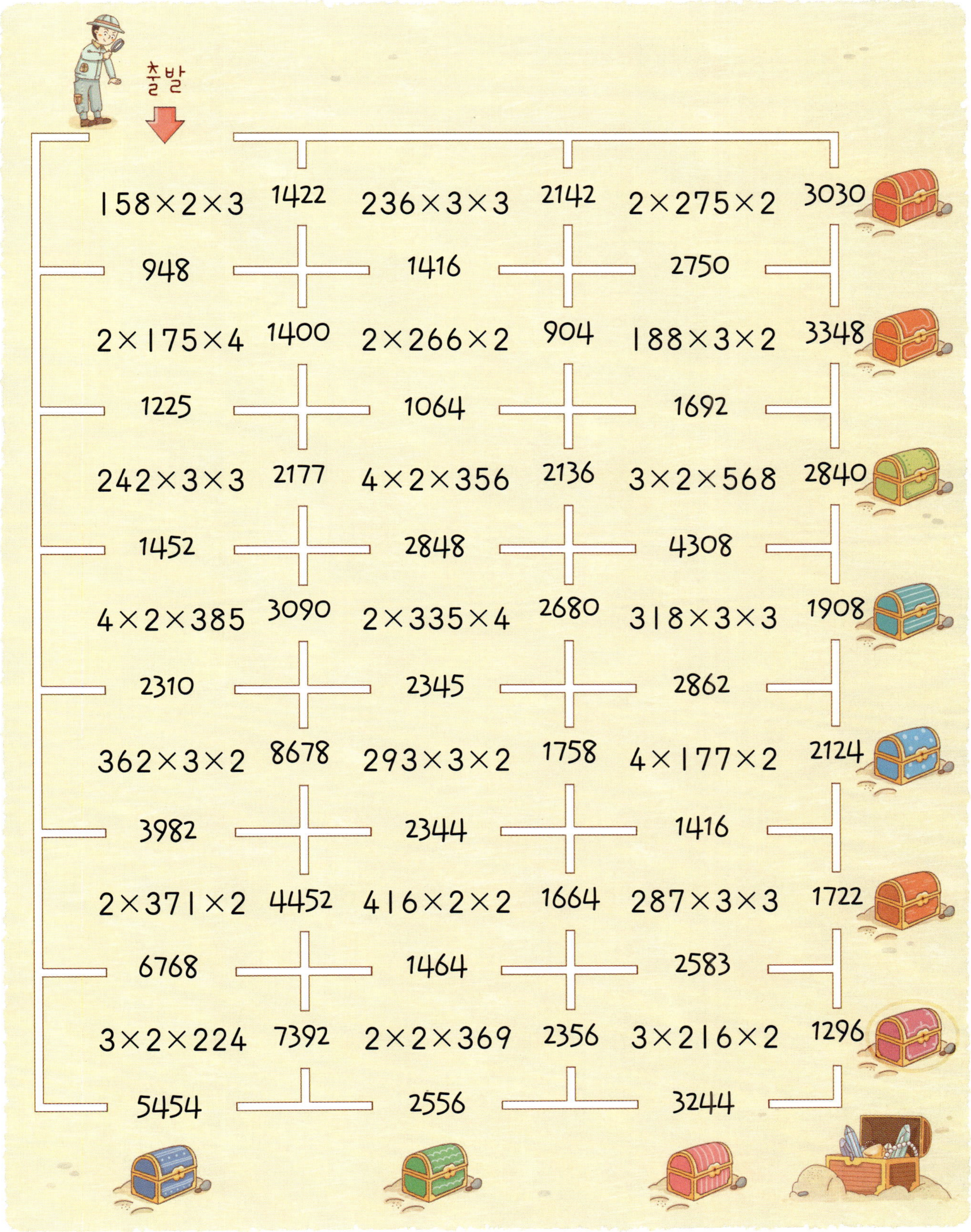

158×2×3 1422	236×3×3 2142	2×275×2 3030
948	1416	2750
2×175×4 1400	2×266×2 904	188×3×2 3348
1225	1064	1692
242×3×3 2177	4×2×356 2136	3×2×568 2840
1452	2848	4308
4×2×385 3090	2×335×4 2680	318×3×3 1908
2310	2345	2862
362×3×2 8678	293×3×2 1758	4×177×2 2124
3982	2344	1416
2×371×2 4452	416×2×2 1664	287×3×3 1722
6768	1464	2583
3×2×224 7392	2×2×369 2356	3×216×2 1296
5454	2556	3244

● 사다리를 타면서 곱셈을 계산하고 계산 결과를 빈칸에 써넣으세요.

1
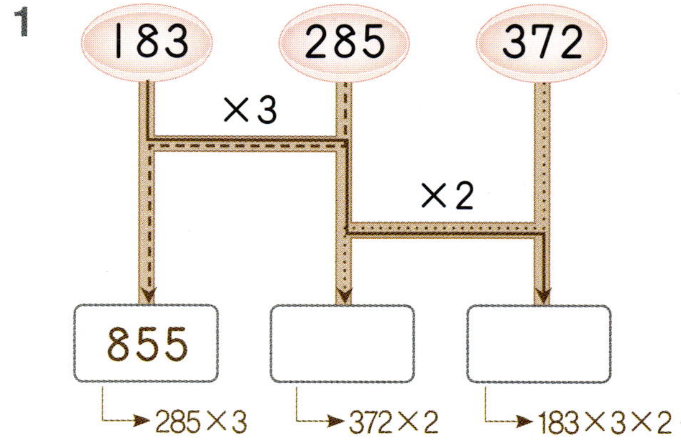

2
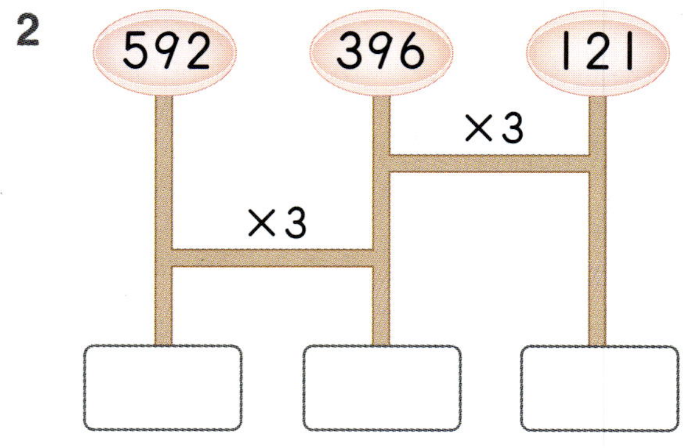

3
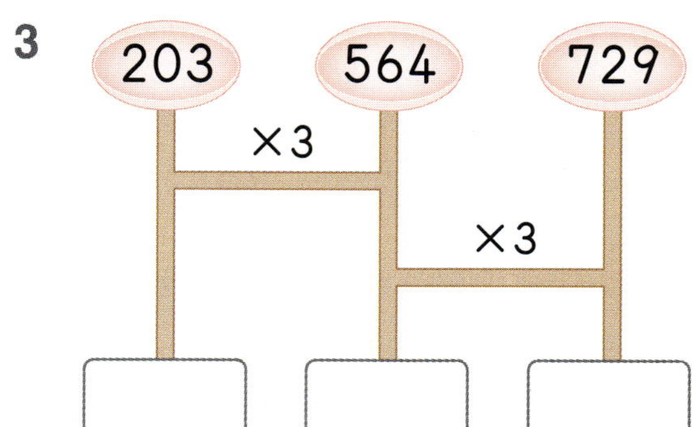

4
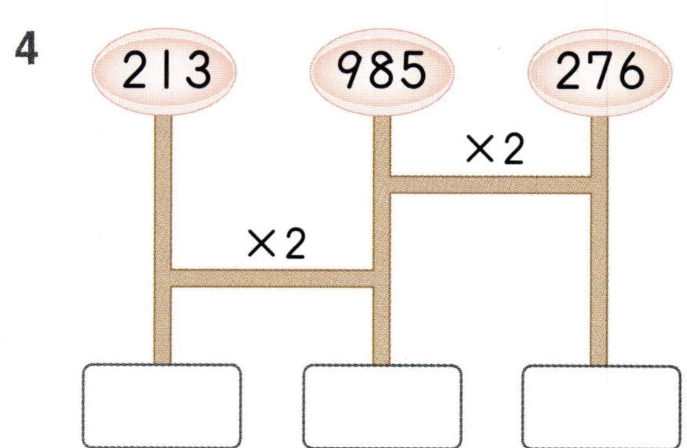

5
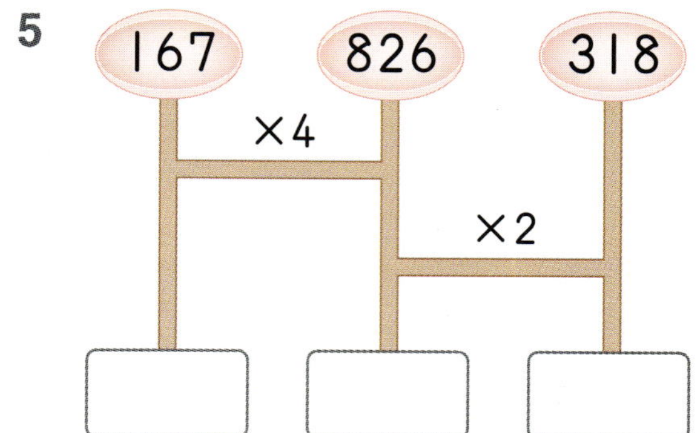

6
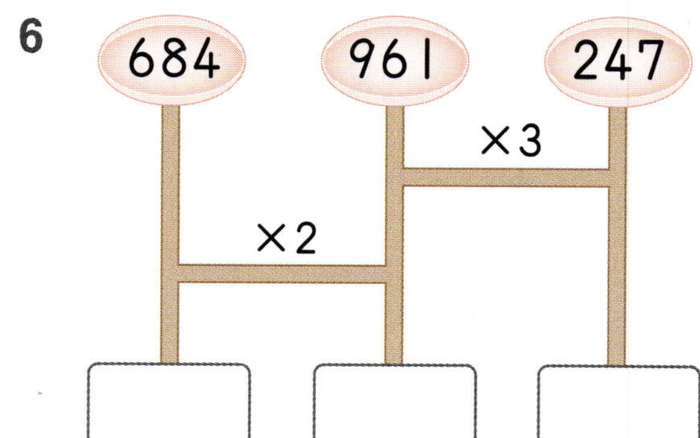

● 계산해 보세요.

7
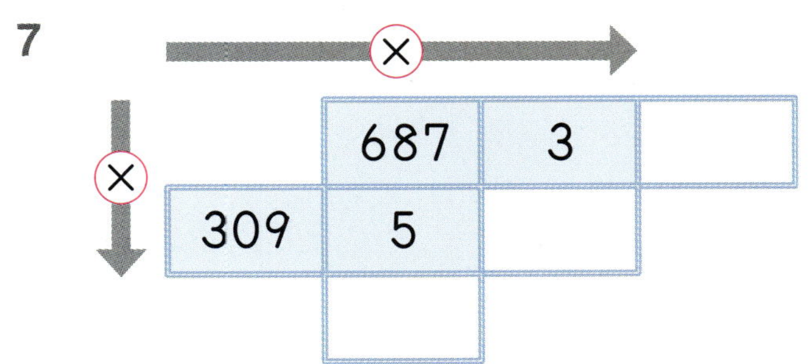

8
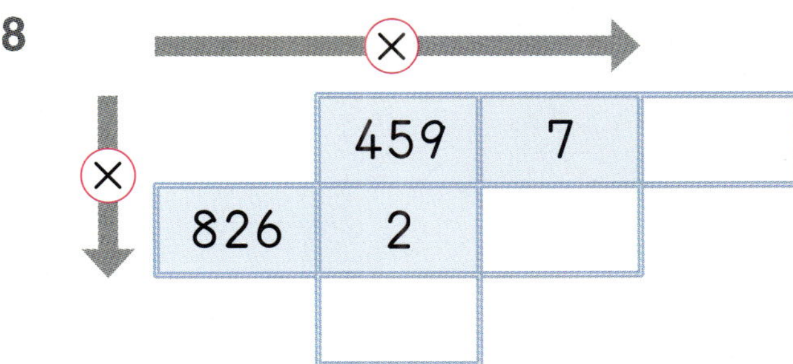

9
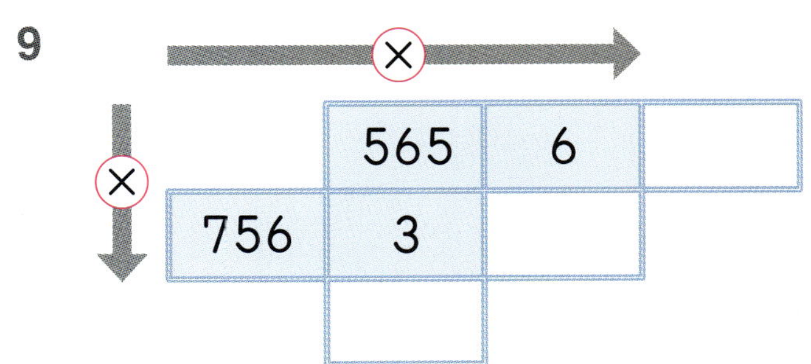

10
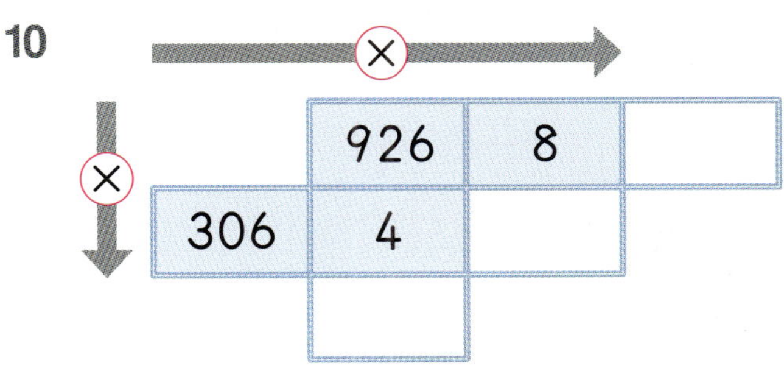

11
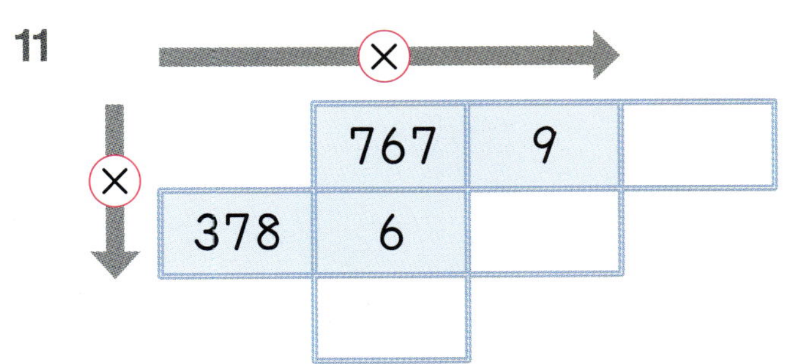

12
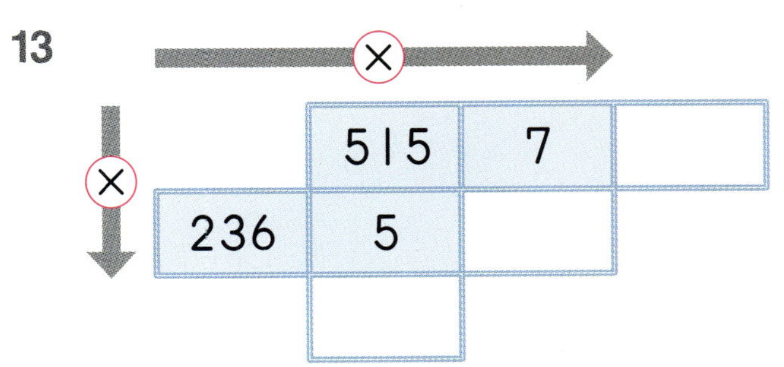

13
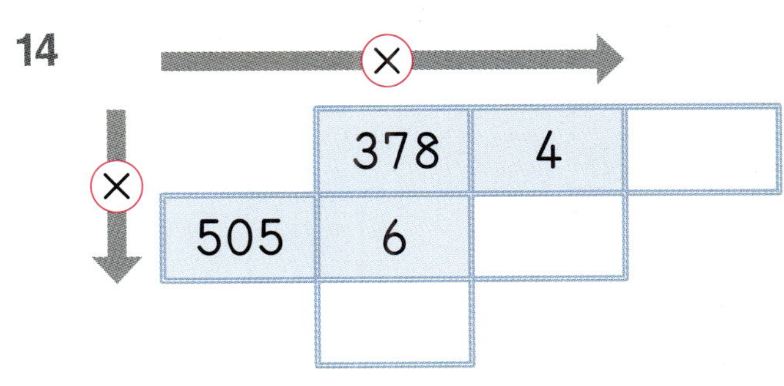

14

● 계산해 보세요.

1
$$\begin{array}{r} 189 \\ \times \quad 3 \\ \hline \end{array}$$

2
$$\begin{array}{r} 763 \\ \times \quad 2 \\ \hline \end{array}$$

3
$$\begin{array}{r} 516 \\ \times \quad 4 \\ \hline \end{array}$$

4
$$\begin{array}{r} 612 \\ \times \quad 7 \\ \hline \end{array}$$

5
$$\begin{array}{r} 179 \\ \times \quad 5 \\ \hline \end{array}$$

6
$$\begin{array}{r} 307 \\ \times \quad 8 \\ \hline \end{array}$$

7
$$\begin{array}{r} 485 \\ \times \quad 6 \\ \hline \end{array}$$

8
$$\begin{array}{r} 693 \\ \times \quad 9 \\ \hline \end{array}$$

9
$$\begin{array}{r} 825 \\ \times \quad 7 \\ \hline \end{array}$$

10
$$\begin{array}{r} 769 \\ \times \quad 4 \\ \hline \end{array}$$

11
$$\begin{array}{r} 428 \\ \times \quad 8 \\ \hline \end{array}$$

12
$$\begin{array}{r} 575 \\ \times \quad 5 \\ \hline \end{array}$$

13
$$\begin{array}{r} 537 \\ \times \quad 6 \\ \hline \end{array}$$

14
$$\begin{array}{r} 926 \\ \times \quad 9 \\ \hline \end{array}$$

15
$$\begin{array}{r} 888 \\ \times \quad 7 \\ \hline \end{array}$$

16 241×5

178×2

17 297×3

205×7

18 842×4

973×3

19 194×5

691×6

20 547×3

696×4

21 943×9

728×8

22 386×5

272×7

23 838×6

969×2

24 474×4

598×6

25 359×9

797×5

(두 자리 수)×(두 자리 수)

하아

성냥을 모두 나눠 줘 팔 성냥이 없다니….
이제 어쩌지?

주인 계신가요?

문제를 맞히면 성냥을 준다고 해서 왔어요.
나도 문제를 맞히겠소!
으악!
또 왔다.

줄 수 있는 성냥이 없는데….
사실대로 말해야겠지?

미안하지만 성냥은 이미 다 떨어졌어요.
뭣이?

으으… 먼 곳에서 찾아왔는데….
부들
부들

성냥 줘! 나도 성냥!
성냥 줘!
성냥 달라고! 성냥! 성냥!
으헉!
빼 애 액
바둥
바둥

으아~ 시끄러워~!
어… 어떡하지?
빼액
빽

아!
문제를 어렵게
내서 못 맞히게
해야겠어.

26×42의 답을 맞히면
선물을 드릴게요.
응?

정답은
1092라네.
짜
잔

헉! 어떻게
이 어려운 걸?

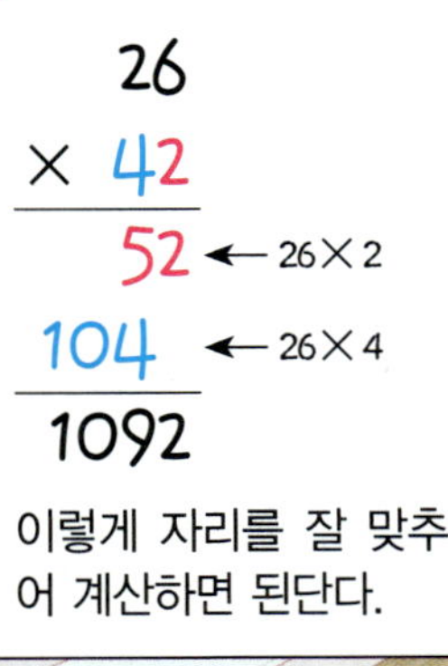

26
× 42
52 ← 26×2
104 ← 26×4
1092
이렇게 자리를 잘 맞추
어 계산하면 된단다.

우아~!
엄청 똑똑한
아저씨였어!
술
술

01 (몇십)×(몇십)

✛ 80×30의 계산

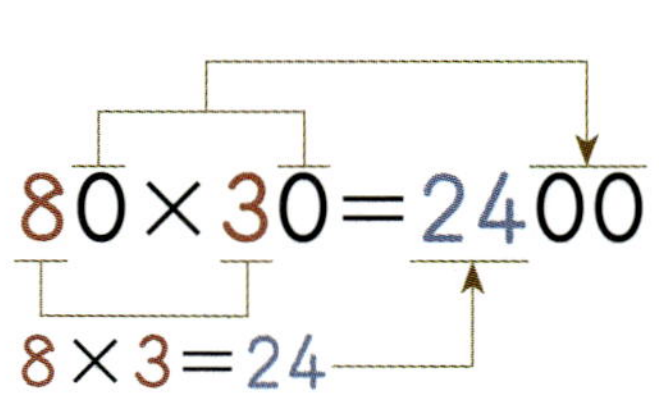

$$80 \times 30 = 2400$$
$$8 \times 3 = 24$$

		8	0
×		3	0
2	4	0	0

$8 \times 3 = 24$

● 계산해 보세요.

1 90×40= ☐ 00

2 60×50= ☐ 00

3 60×30

4 20×80

5 90×60

6 80×70

7 70×40

8 30×90

9 50×70

10 90×80

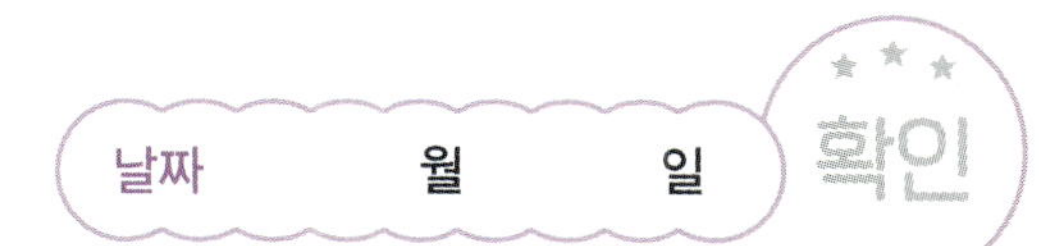

● 사탕 가게에서 사탕을 샀습니다. 무게당 가격을 보고 각 사탕의 가격을 구하세요.

I g에 40원

11

60 g

$60 \times 40 =$ ________ 원

12

80 g

________ 원

I g에 50원

13

50 g

$50 \times 50 =$ ________ 원

14

90 g

________ 원

I g에 80원

15

80 g

________ 원

16

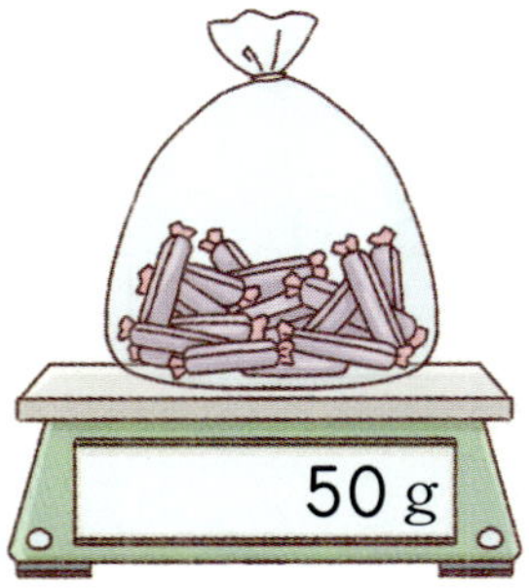

50 g

________ 원

I g에 60원

17

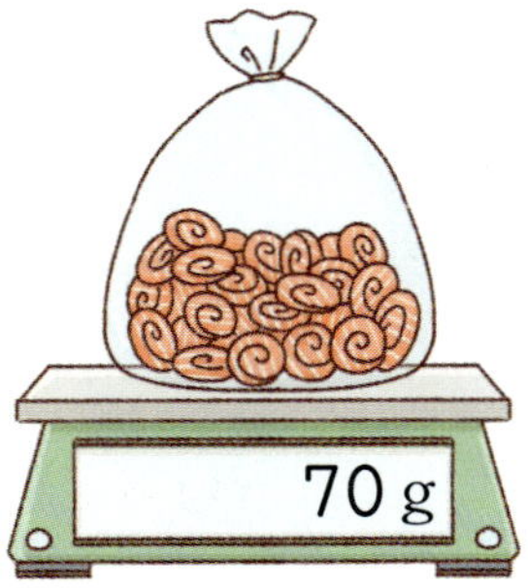

70 g

________ 원

18

80 g

________ 원

02 (몇십몇)×(몇십)

✛ 12×30의 계산

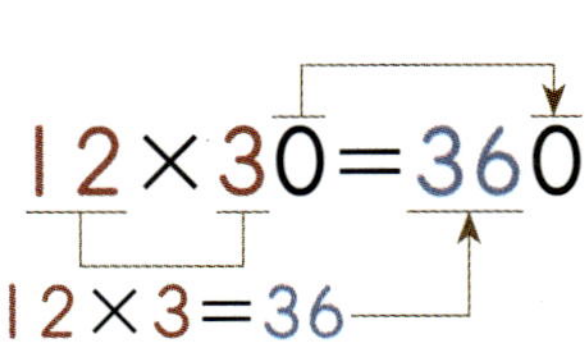

$12 \times 30 = 360$

$12 \times 3 = 36$

$12 \times 3 = 36$

● 계산해 보세요.

1
```
    3 2
×   3 0
```

2
```
    2 1
×   4 0
```

3
```
    2 3
×   3 0
```

4
```
    5 1
×   6 0
```

5
```
    6 2
×   3 0
```

6
```
    8 3
×   2 0
```

7
```
    9 2
×   4 0
```

8
```
    8 2
×   7 0
```

9
```
    4 5
×   6 0
```

● 한 권의 무게가 다음과 같은 수첩이 여러 권 있습니다. 수첩의 전체 무게를 구하세요.

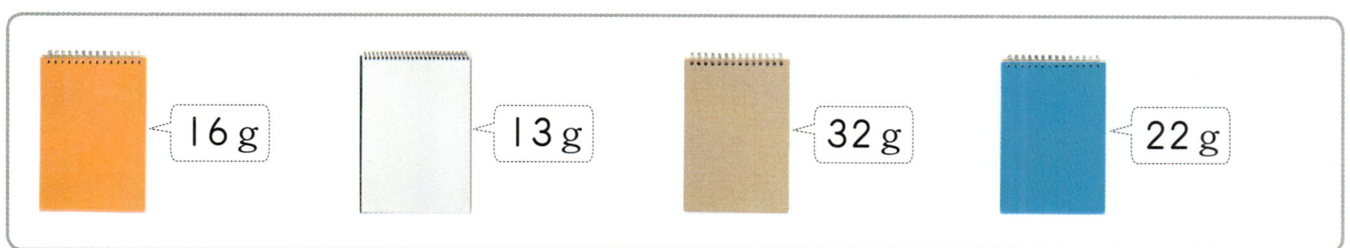

10

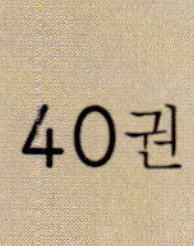

식 32×40=＿＿＿＿

답 ＿＿＿＿＿ g

11

식 16×40=＿＿＿＿

답 ＿＿＿＿＿ g

12

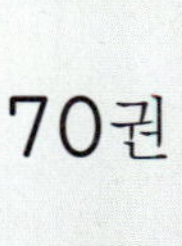

식 13×70=＿＿＿＿

답 ＿＿＿＿＿ g

13

식 ＿＿＿＿＿＿＿＿＿＿

답 ＿＿＿＿＿ g

14

식 ＿＿＿＿＿＿＿＿＿＿

답 ＿＿＿＿＿ g

15

식 ＿＿＿＿＿＿＿＿＿＿

답 ＿＿＿＿＿ g

16

식 ＿＿＿＿＿＿＿＿＿＿

답 ＿＿＿＿＿ g

17

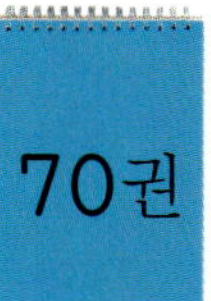

식 ＿＿＿＿＿＿＿＿＿＿

답 ＿＿＿＿＿ g

18

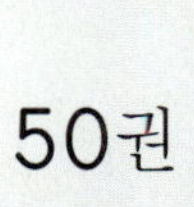

식 ＿＿＿＿＿＿＿＿＿＿

답 ＿＿＿＿＿ g

03 (몇십몇)×(몇십몇) ⑴

✤ 46×12의 계산

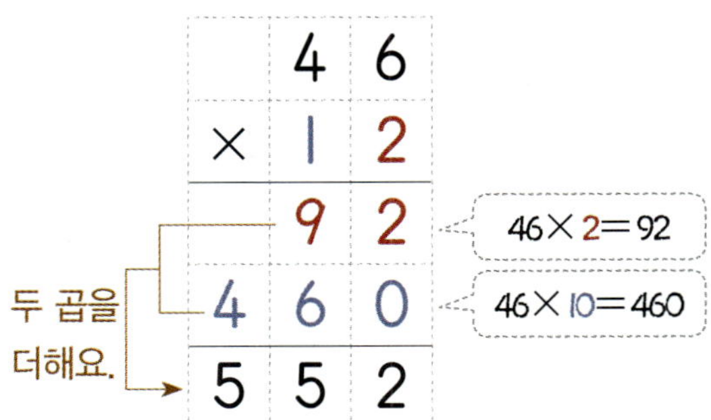

● 계산해 보세요.

1

```
    1 1
×   1 8
```

2

```
    2 2
×   4 4
```

3

```
    3 1
×   1 6
```

4

```
    4 7
×   1 2
```

5

```
    7 2
×   1 3
```

6

```
    5 6
×   1 4
```

7

```
    1 7
×   3 3
```

8

```
    3 7
×   2 7
```

9

```
    2 5
×   3 4
```

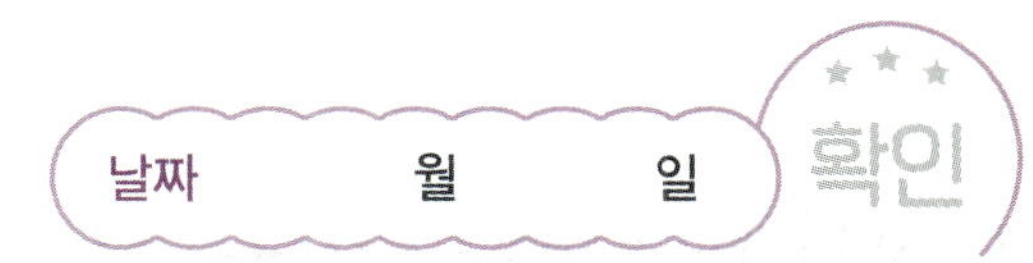

● 유경이의 몸의 일부로 여러 가지 길이를 재었습니다. 잰 길이를 구하세요.

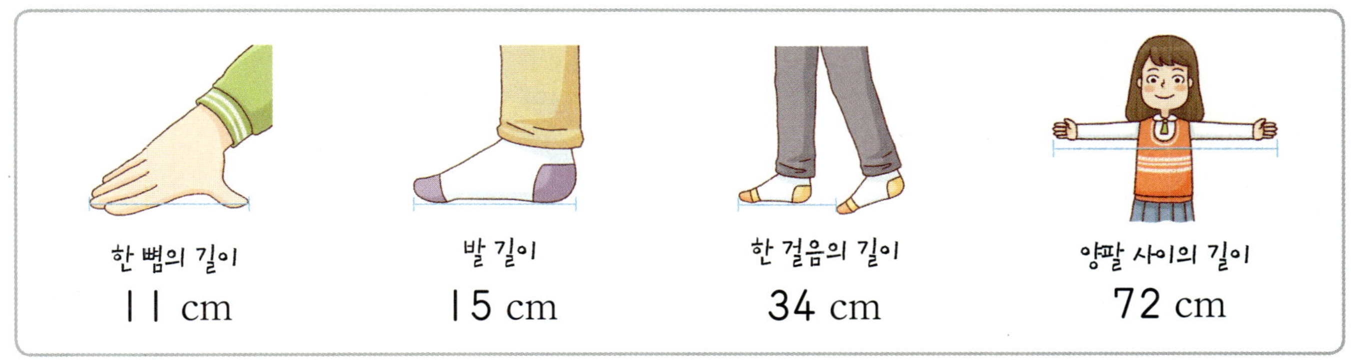

10

책상의 가로는 한 뼘의 길이로 11번

책상의 가로

➡ 11×11 = ☐ (cm)

11

창문의 긴 쪽은 한 뼘의 길이로 26번

창문의 긴 쪽

➡ 11×26 = ☐ (cm)

12

방의 긴 쪽은 발 길이로 22번

방의 긴 쪽

➡ _______ (cm)

13

침대의 세로는 발 길이로 14번

침대의 세로

➡ _______ (cm)

14

주방은 한 걸음의 길이로 17번

주방

➡ _______ (cm)

15

교실의 긴 쪽은 한 걸음의 길이로 28번

교실의 긴 쪽

➡ _______ (cm)

16

거실은 양팔 사이의 길이로 11번

거실

➡ _______ (cm)

17

복도는 양팔 사이의 길이로 13번

복도

➡ _______ (cm)

04 (몇십몇)×(몇십몇) (2)

✛ 25×42의 계산

```
        2 5
    ×   4 2
        5 0      25×2
    1 0 0        25×4
    1 0 5 0
```

● 계산해 보세요.

1
```
        4 8
    ×   5 6
```

2
```
        1 2
    ×   9 7
```

3
```
        7 4
    ×   2 8
```

4
```
        8 5
    ×   5 8
```

5
```
        9 4
    ×   7 7
```

6
```
        5 2
    ×   6 7
```

7
```
        6 3
    ×   3 6
```

8
```
        4 7
    ×   6 5
```

9
```
        2 9
    ×   8 4
```

● **계산해 보세요.**

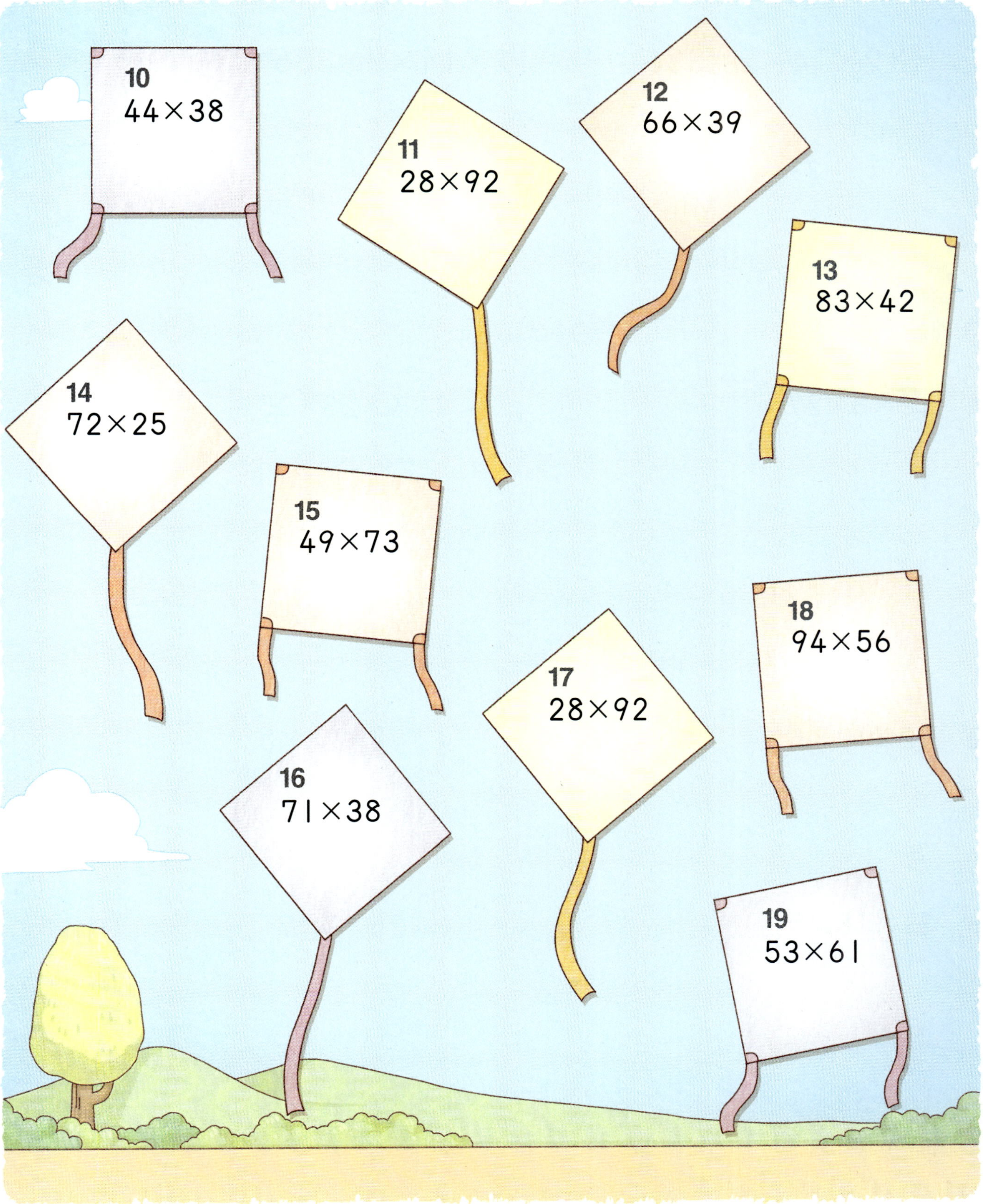

10
44×38

11
28×92

12
66×39

13
83×42

14
72×25

15
49×73

18
94×56

17
28×92

16
71×38

19
53×61

05 세 수의 곱셈

✦ $12 \times 14 \times 2$의 계산

$$12 \times 14 \times 2 = 336$$

168

336

$$12 \times 14 \times 2 = 336$$

28

336

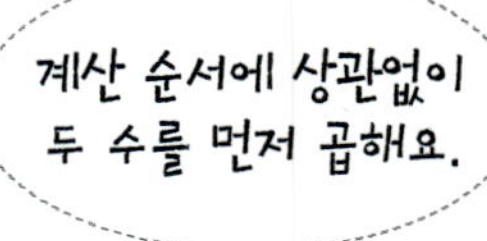

● 계산해 보세요.

1 $15 \times 3 \times 27 =$

2 $4 \times 23 \times 35 =$

3 $42 \times 17 \times 6$

4 $78 \times 26 \times 3$

5 $39 \times 18 \times 8$

6 $26 \times 9 \times 7$

7 $16 \times 52 \times 3$

8 $37 \times 24 \times 3$

● 계산해 보세요.

9 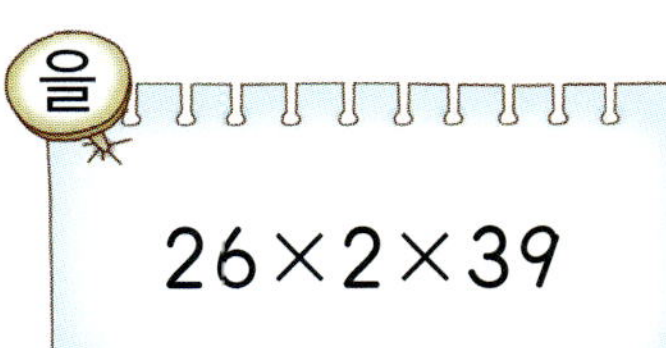
$26 \times 2 \times 39$

10 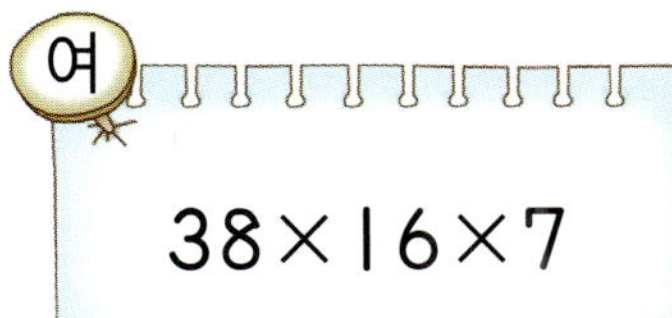
$38 \times 16 \times 7$

11 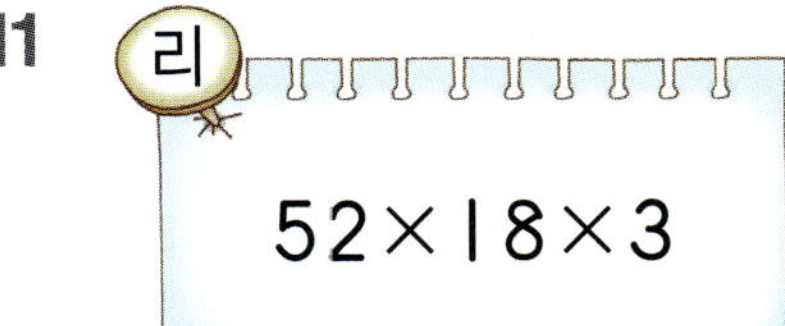
$52 \times 18 \times 3$

12 
$49 \times 19 \times 4$

13 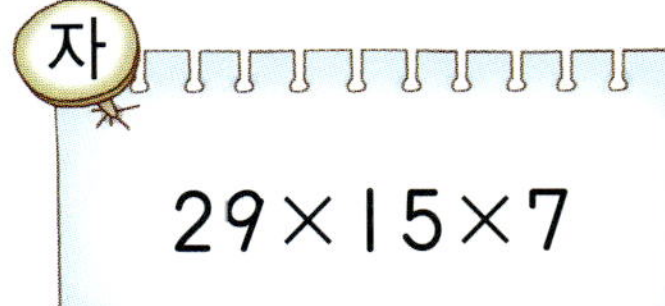
$29 \times 15 \times 7$

14 
$36 \times 2 \times 43$

15 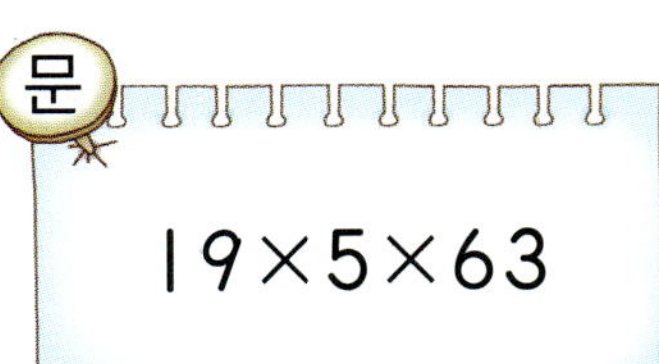
$19 \times 5 \times 63$

16 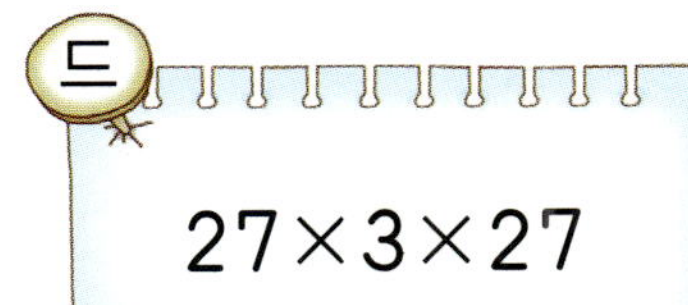
$27 \times 3 \times 27$

수수께끼

5985	2028		3724	2187	2808	3096		4256	3045

는?

06 (두 자리 수)×11

✤ 26×11의 계산

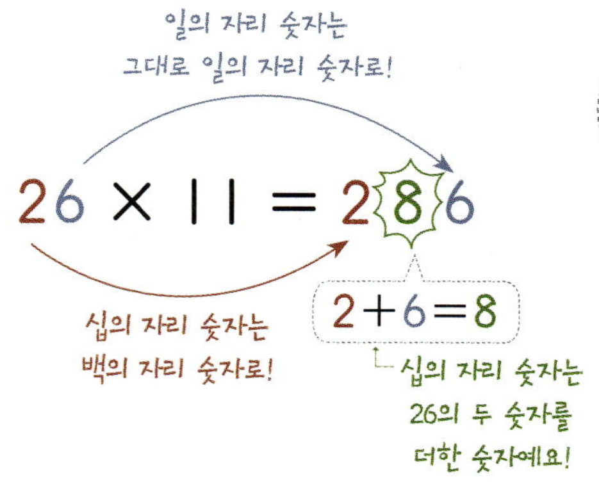

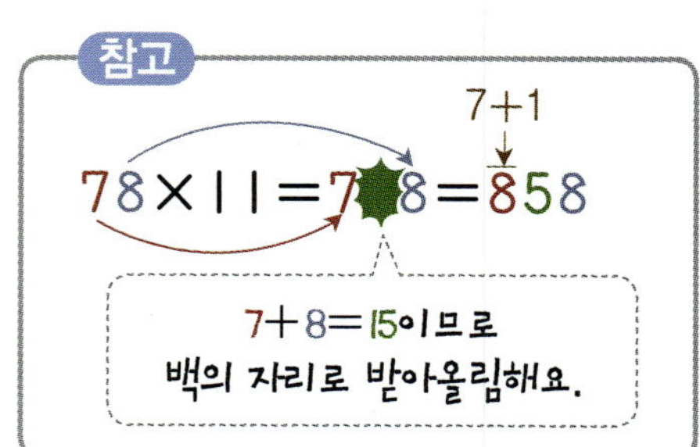

● 계산해 보세요.

1 34×11 = 3 ☐ 4

3+4

2 53×11 = 5 ☐ 3

5+3

3 18×11 = ☐☐☐

4 22×11 = ☐☐☐

5 64×11 = ☐☐☐

6 89×11 = ☐☐☐

7 75×11 = ☐☐☐

8 99×11 = ☐☐☐

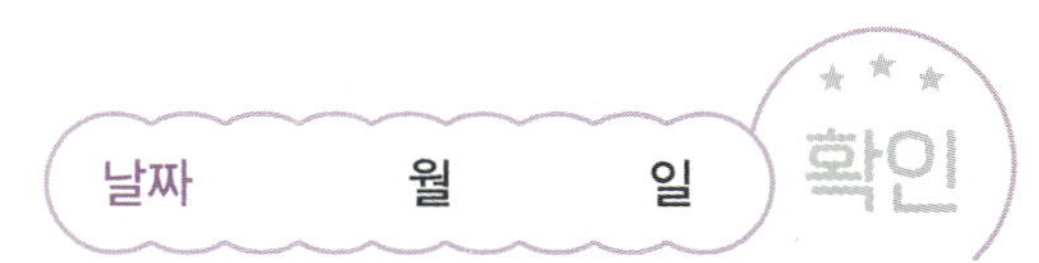

9 계산 결과를 찾아 길을 따라 가세요.

십의 자리 숫자가 같고 일의 자리 숫자가 5인 두 자리 수의 곱셈

✚ 65×65의 계산

$$65 \times 65 = 4225$$

$$6\times(6+1)=6\times7$$

$$5\times5$$

● 계산해 보세요.

1 25×25=

$$2\times(2+1)=2\times3 \qquad 5\times5$$

2 45×45=

$$4\times(4+1)=4\times5 \qquad 5\times5$$

3 55×55=

4 75×75=

5 15×15=

6 95×95=

7 85×85=

8 35×35=

● 계산 결과가 바르면 YES에 ○표, 틀리면 NO에 ○표 하세요. 또 틀린 식은 ⬚ 안에 바른 답을 써넣으세요.

9

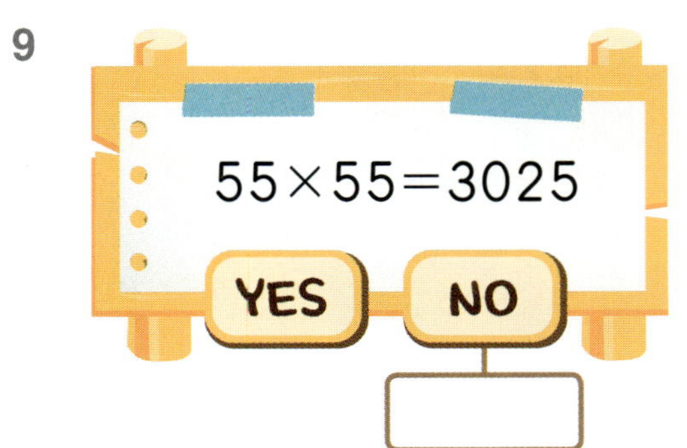

10

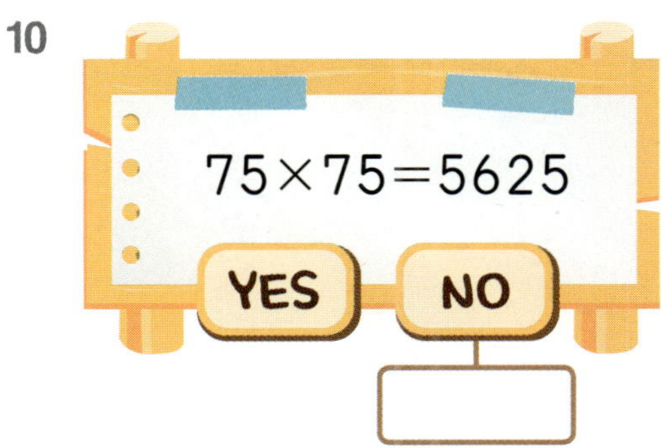

11

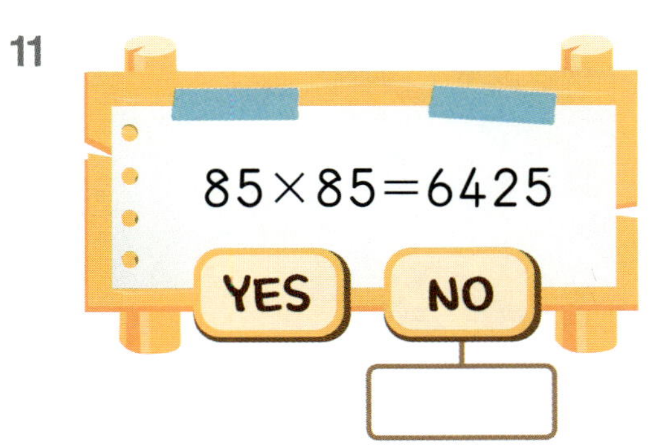

12

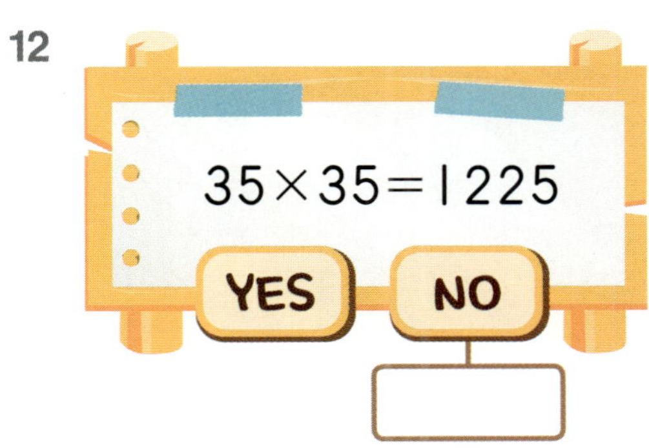

13

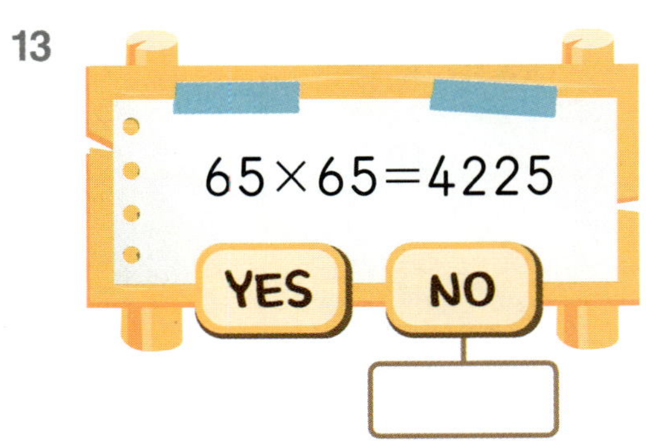

14

15

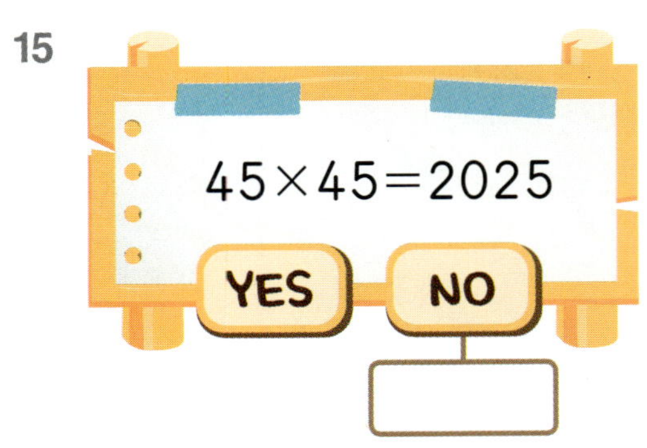

16

08 집중 연산 ❶

● 계산해 보세요.

1

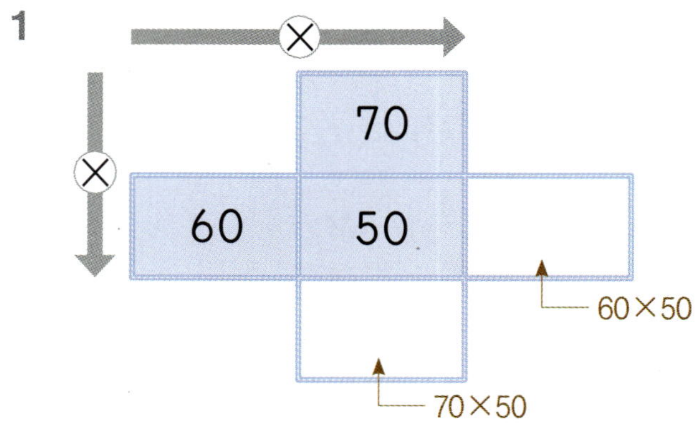

2

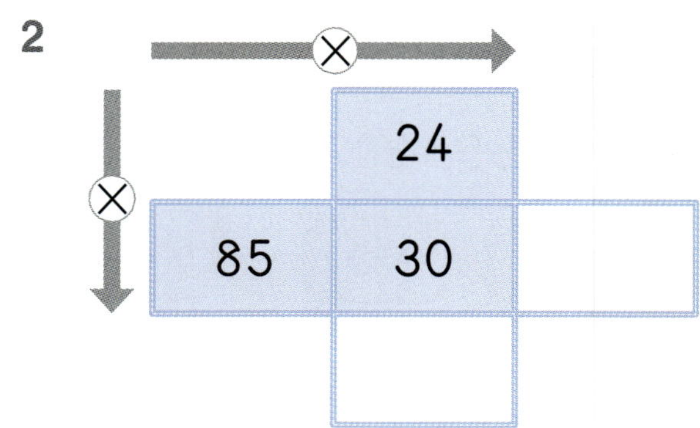

3

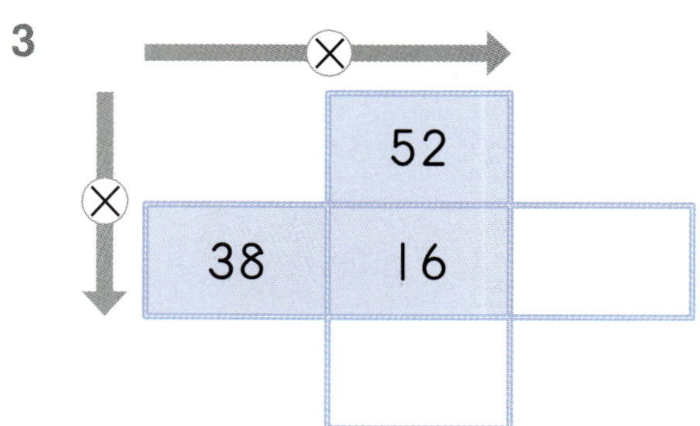

4

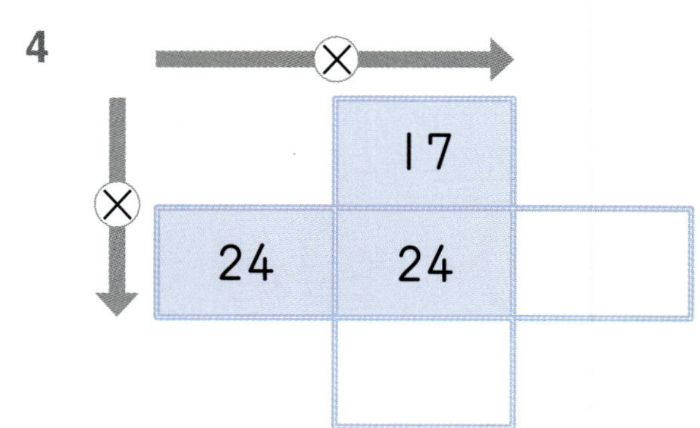

5

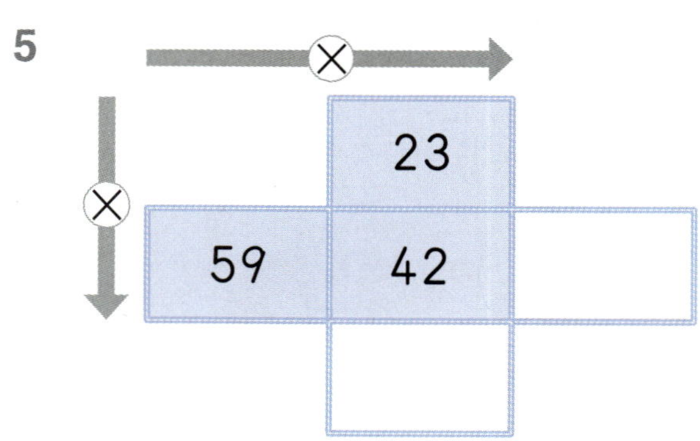

6

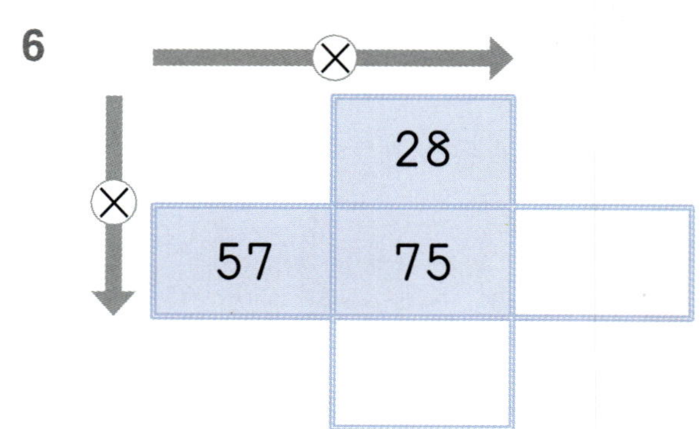

7

8

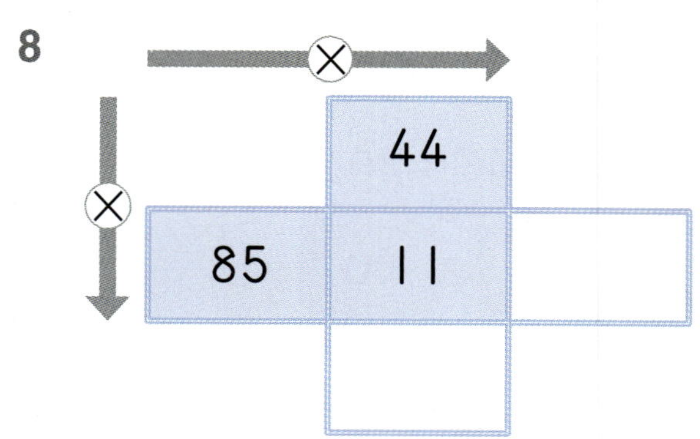

9
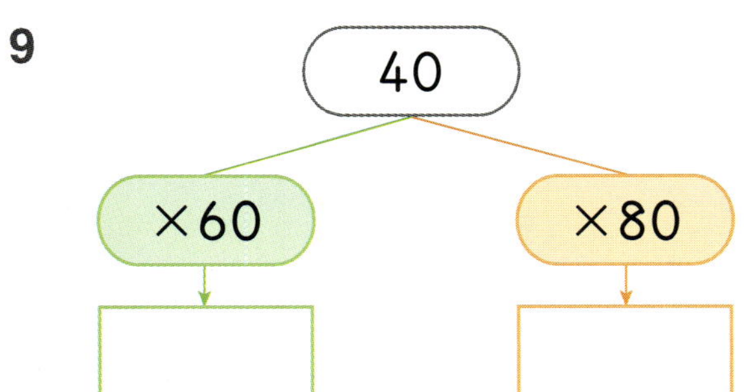

10
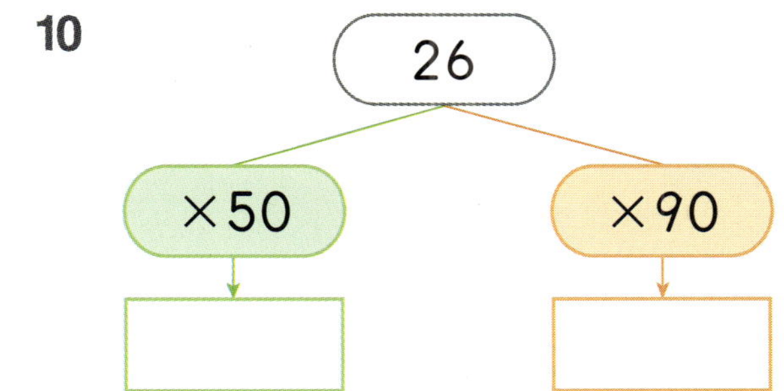

11
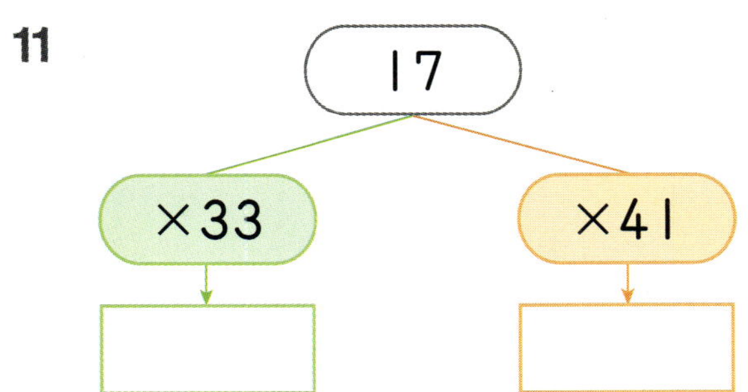

12
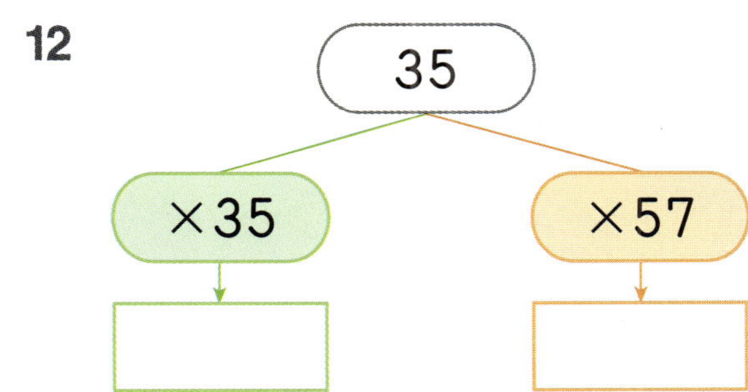

13
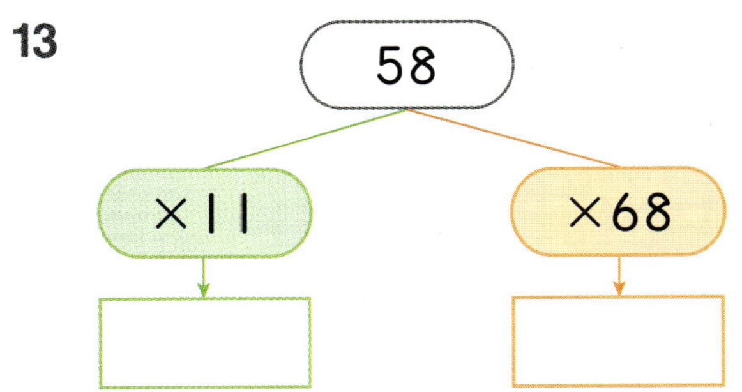

14
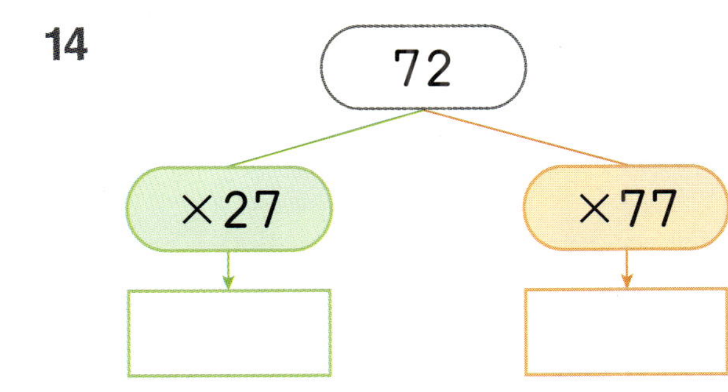

15
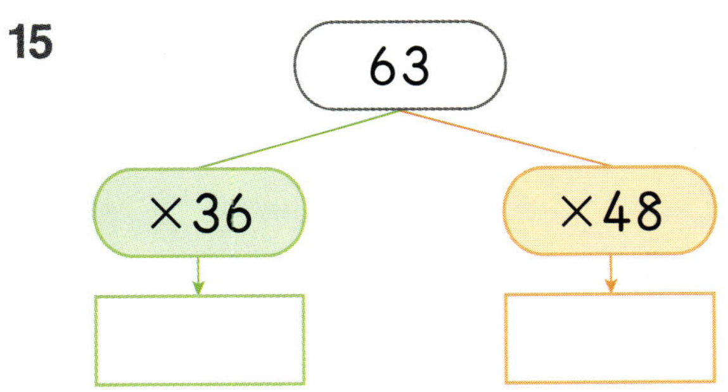

16
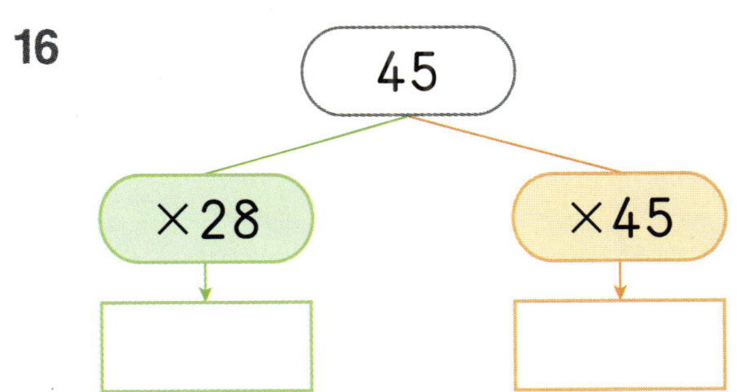

● 계산해 보세요.

1	2	3
7 0 × 6 0	3 0 × 8 0	4 0 × 5 0

4	5	6
1 8 × 5 0	2 4 × 8 0	7 5 × 5 0

7	8	9
4 1 × 1 6	2 8 × 3 2	1 9 × 5 2

10	11	12
8 8 × 8 7	9 6 × 6 5	7 8 × 4 9

13	14	15
4 7 × 4 7	8 5 × 8 5	7 2 × 1 1

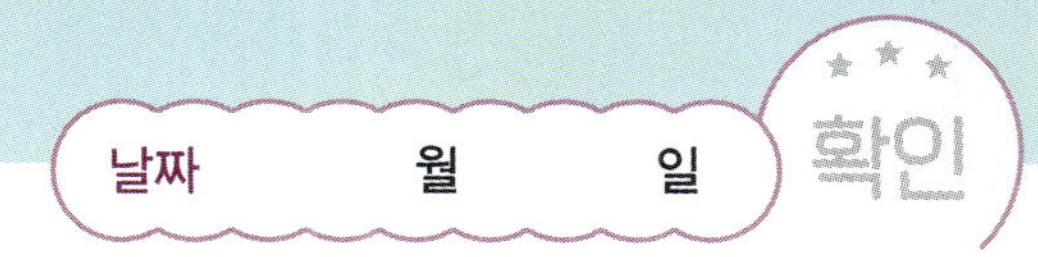

16 40×40

90×50

17 70×30

80×90

18 52×20

38×50

19 49×60

73×30

20 75×13

62×16

21 23×37

56×17

22 58×46

32×47

23 25×72

55×55

24 $23 \times 33 \times 8$

$5 \times 17 \times 74$

25 $46 \times 11 \times 3$

$15 \times 15 \times 6$

4 나눗셈 (1)

문제를 맞혔으니 이제 성냥을 주시오.

죄송해요….
정말 성냥이 다 떨어져서 드릴 성냥이 없어요.

성냥 가게에 성냥이 없다니….
우
울

정말 성냥이 필요하셨나 보네.

기운내세요.
허허허 노력해 보마….

뭐 성냥은 다른 곳에서 구해야지.
아…. 저….

이 주위에 성냥 가게는 여기 뿐인데요.
또 헉

아이고~ 성냥을 구하게 될 줄 알았는데….
침울
이런… 어쩌지? 아저씨를 위로해 드려야 할 것 같아.

- (몇십)÷(몇)
- (몇백몇십)÷(몇)
- 검산하기

연산력 게임

스마트폰을 이용하여 QR을
찍으면 재미있는 연산 게임을
할 수 있습니다.

01 내림이 없는 (몇십)÷(몇)

✚ 80÷2의 계산

$$80 \div 2 = 40$$

$8 \div 2 = 4$

$$2 \overline{)80} \quad \begin{array}{c} 4\,0 \\ \hline 8\,0 \end{array}$$

←2×40

● 계산해 보세요.

1 20÷2

  2÷2=1

2 60÷3

  6÷3=2

3 40÷4

4 50÷5

5 90÷3

6 80÷4

7 60÷2

8 40÷2

9 30÷3

10 80÷8

11 빅터가 푼 문제입니다. 채점을 하고 틀린 것은 정답을 써 보세요.

쪽지 시험	이름	빅터

범위: 내림이 없는 (몇십)÷(몇)

(1) $80 ÷ 2 = 40$

(2) $60 ÷ 3 = 30$ 20

(3) $50 ÷ 5 = 10$

(4) $40 ÷ 2 = 20$

(5) $90 ÷ 3 = 30$

(6) $60 ÷ 3 = 30$

(7) $60 ÷ 6 = 10$

(8) $70 ÷ 7 = 7$

(9) $40 ÷ 4 = 10$

(10) $30 ÷ 3 = 3$

(11) $80 ÷ 4 = 20$

(12) $90 ÷ 9 = 10$

02 내림이 있는 (몇십)÷(몇)

✚ **90÷5의 계산**

● **계산해 보세요.**

1
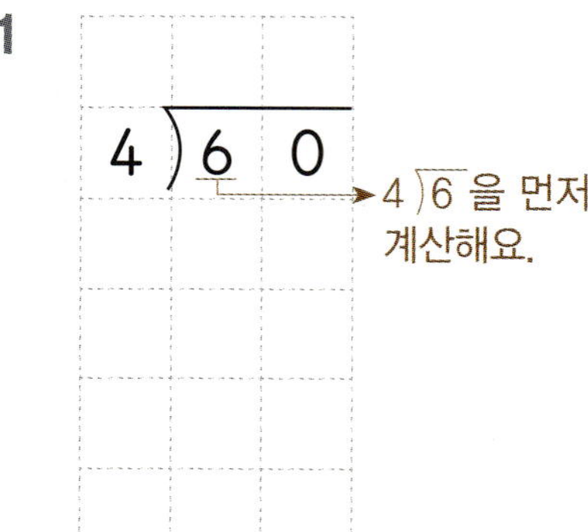

2
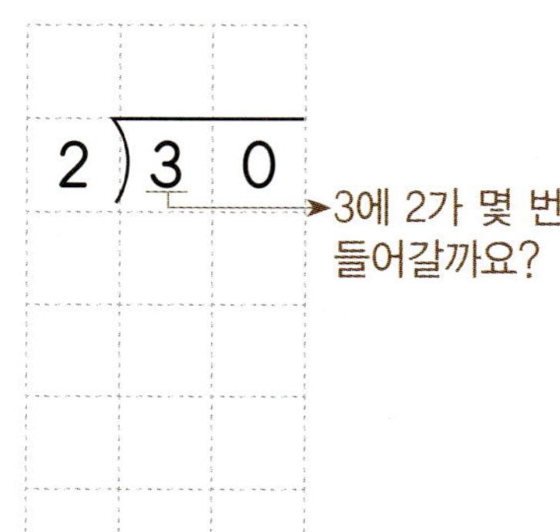

3
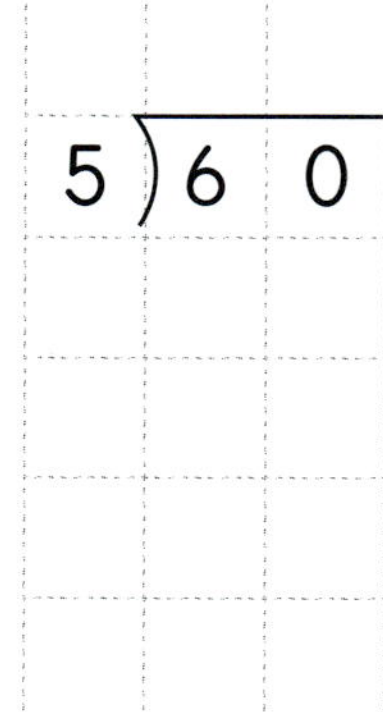

4
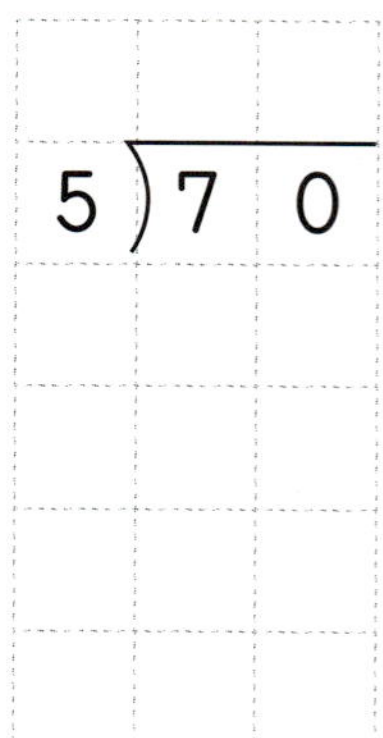

5
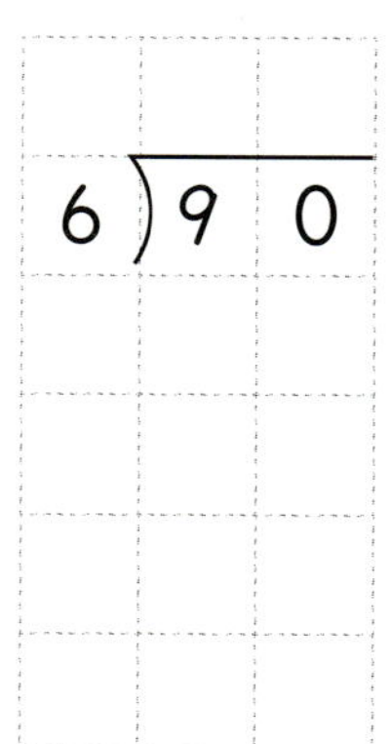

6

7 몫을 따라 선을 그어 보물을 찾아보세요.

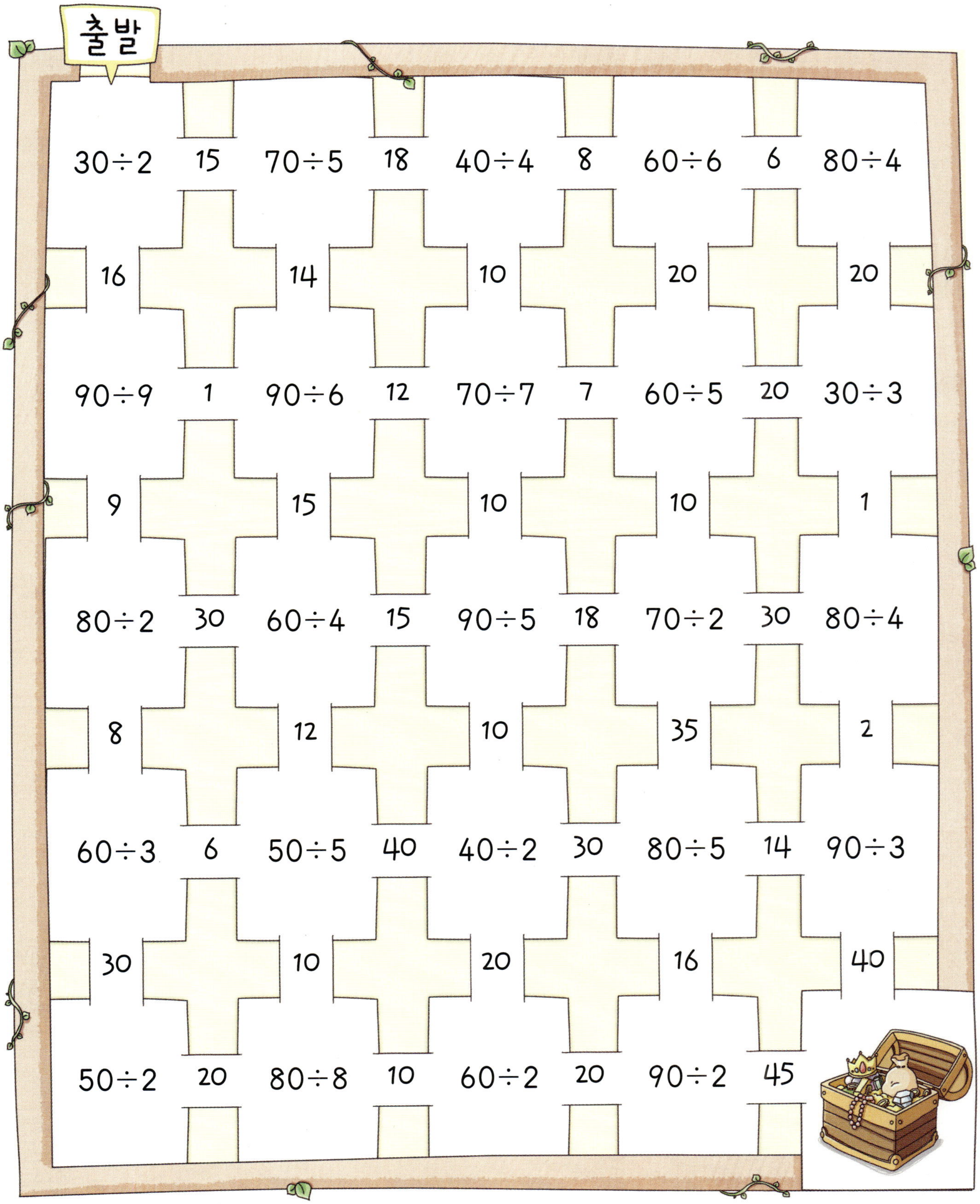

출발

30÷2	15	70÷5	18	40÷4	8	60÷6	6	80÷4	
16		14		10		20		20	
90÷9	1	90÷6	12	70÷7	7	60÷5	20	30÷3	
9		15		10		10		1	
80÷2	30	60÷4	15	90÷5	18	70÷2	30	80÷4	
8		12		10		35		2	
60÷3	6	50÷5	40	40÷2	30	80÷5	14	90÷3	
30		10		20		16		40	
50÷2	20	80÷8	10	60÷2	20	90÷2	45		

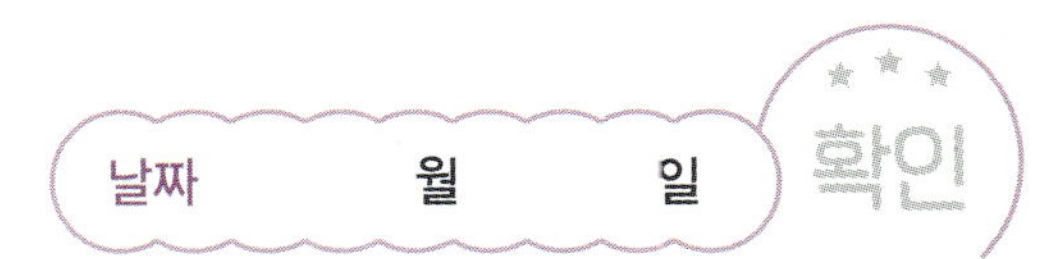

내림이 있고 나머지가 있는 (몇십)÷(몇)

✚ **80÷7의 계산**

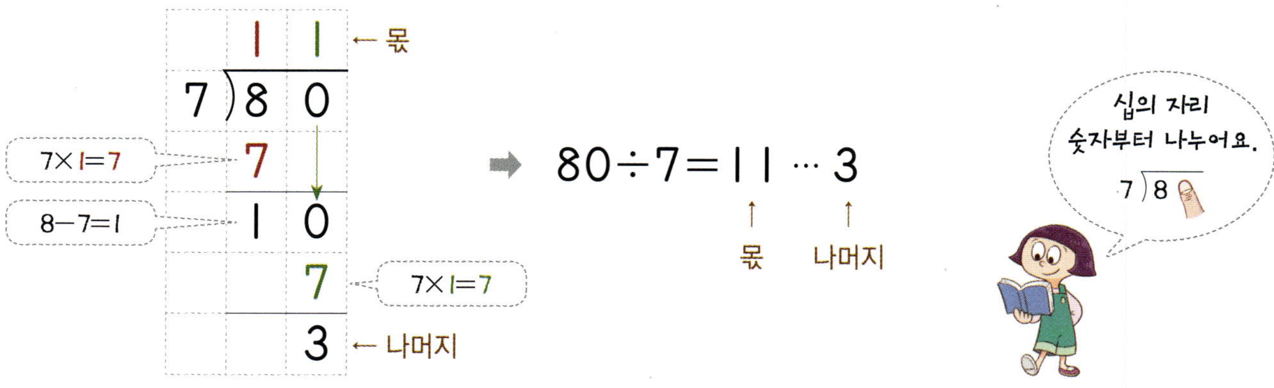

● **계산해 보세요.**

1

$$3) \overline{5\ 0}$$

2

$$4) \overline{5\ 0}$$

3

$$6) \overline{7\ 0}$$

4

$$8) \overline{9\ 0}$$

5

$$4) \overline{7\ 0}$$

6

$$3) \overline{8\ 0}$$

● 보기 와 같이 출발에서 화살표 방향으로 도미노의 점의 수만큼 간 곳의 수를 ☐ 안에 써넣어 나눗셈 식을 완성하고, 계산해 보세요.

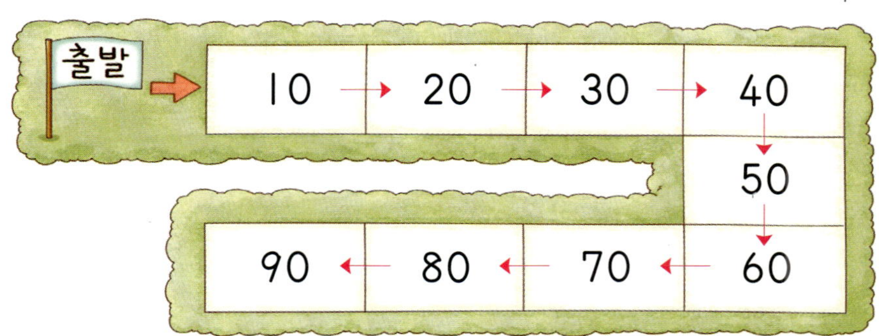

보기

→출발에서 5칸 간 곳의 수는 50이에요.

$$50 \div 3 = 16 \cdots 2$$

7   ☐ ÷ 6 =

8   ☐ ÷ 3 =

9   ☐ ÷ 4 =

10   ☐ ÷ 3 =

11   ☐ ÷ 3 =

12   ☐ ÷ 4 =

13   ☐ ÷ 7 =

04 내림이 없는 (몇백몇십)÷(몇)

✤ 540÷6의 계산

$$540÷6=90$$

$$54÷6=9$$

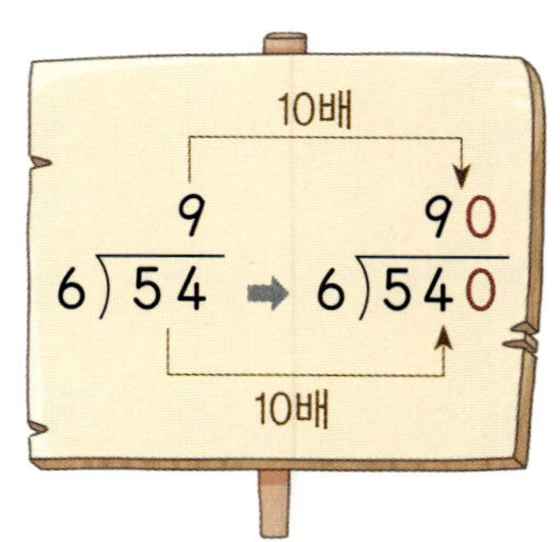

● 계산해 보세요.

1 240÷6

$$24÷6=4$$

2 320÷4

$$32÷4=8$$

3 180÷3

4 350÷5

5 490÷7

6 480÷6

7 450÷9

8 140÷2

9 360÷4

10 350÷7

● 주어진 돈으로 물건을 샀을 때, 물건 한 개의 가격을 구하세요.

11 480원

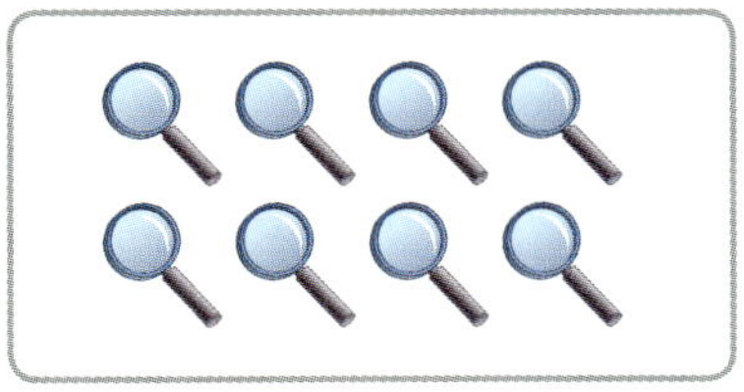

$480 \div 8 = \boxed{}$

식 _______________________

답 ______________ 원

12 720원

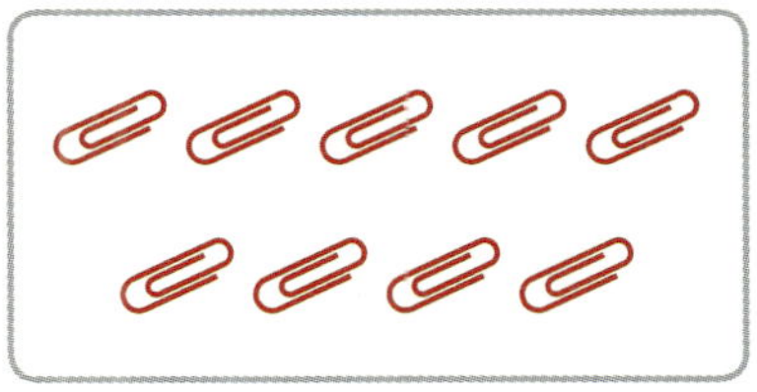

$720 \div 9 = \boxed{}$

식 _______________________

답 ______________ 원

13 420원

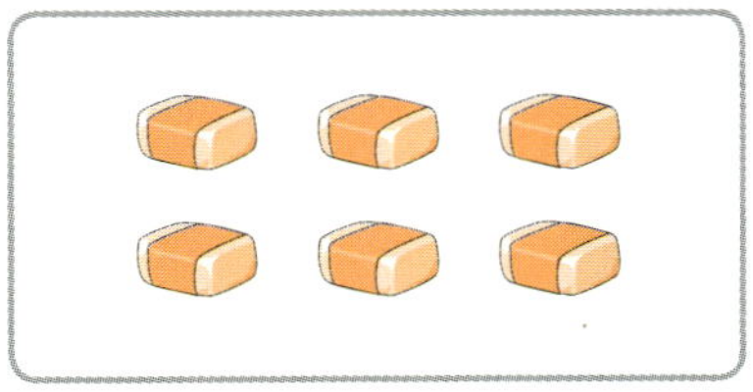

식 _______________________

답 ______________ 원

14 450원

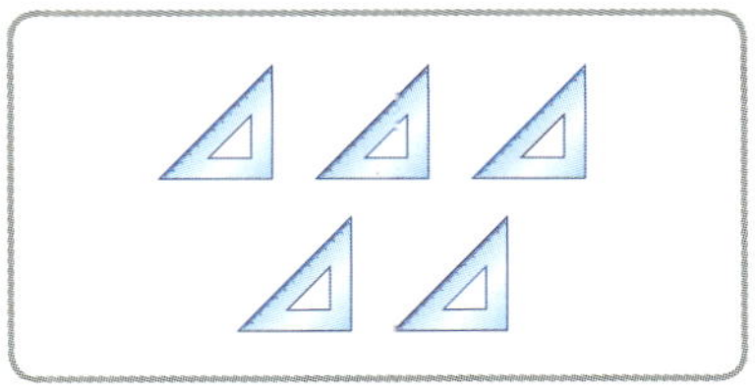

식 _______________________

답 ______________ 원

15 490원

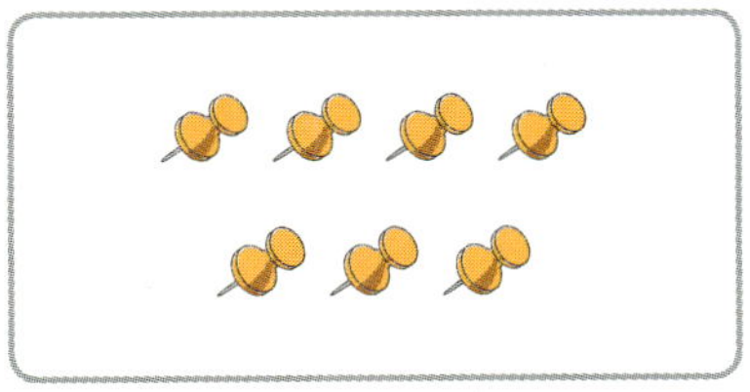

식 _______________________

답 ______________ 원

16 360원

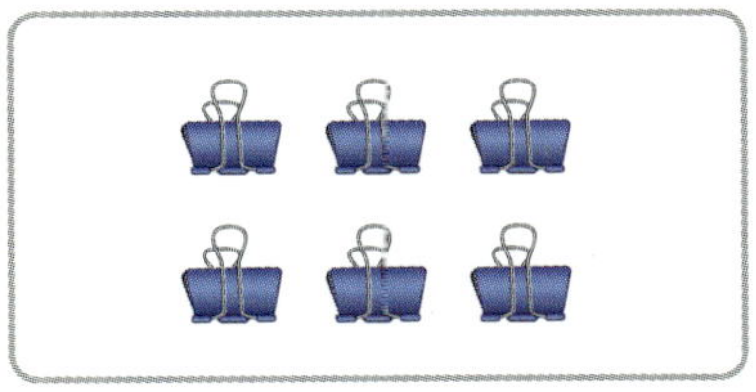

식 _______________________

답 ______________ 원

17 720원

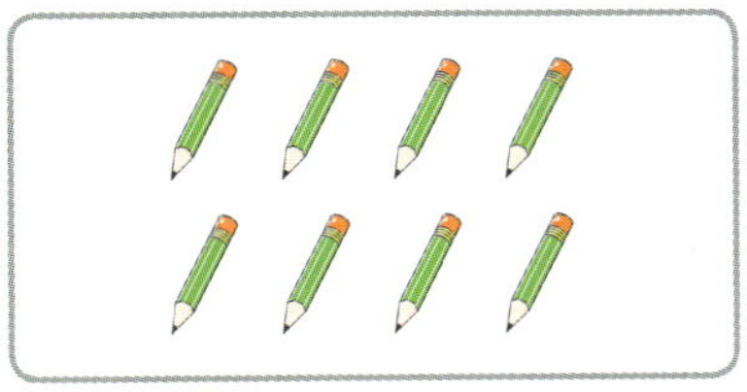

식 _______________________

답 ______________ 원

18 250원

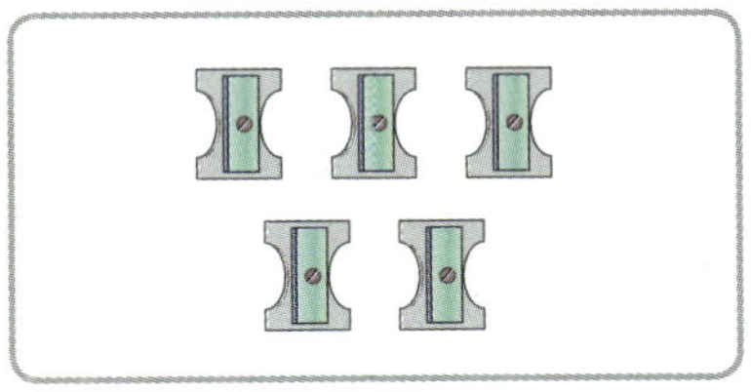

식 _______________________

답 ______________ 원

05 내림이 있는 (몇백몇십)÷(몇)

✜ 570÷6의 계산

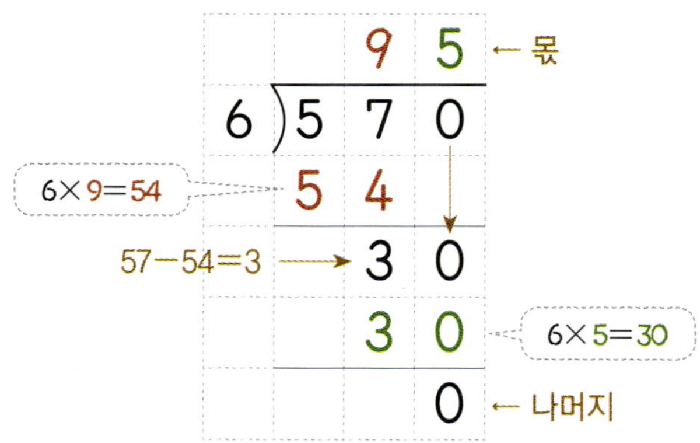

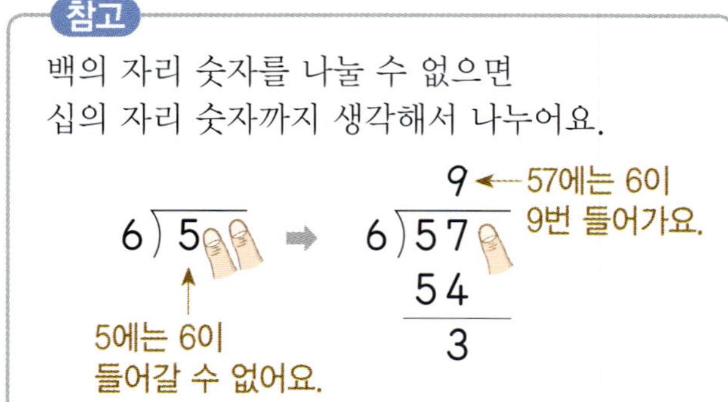

● 계산해 보세요.

1

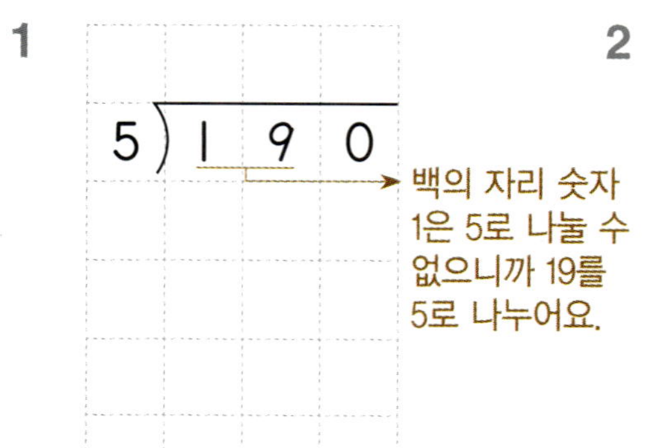

백의 자리 숫자
1은 5로 나눌 수
없으니까 19를
5로 나누어요.

2

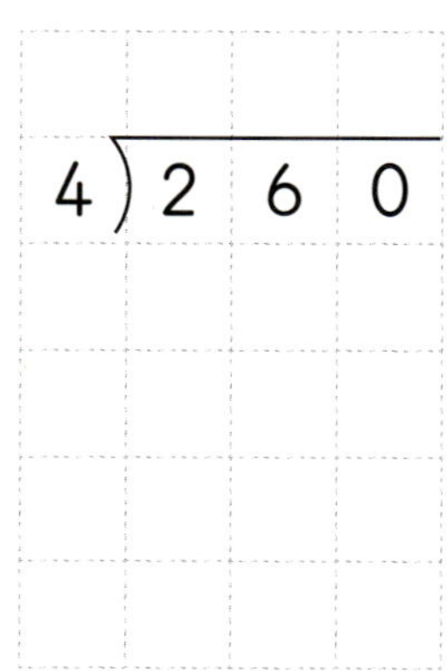

3

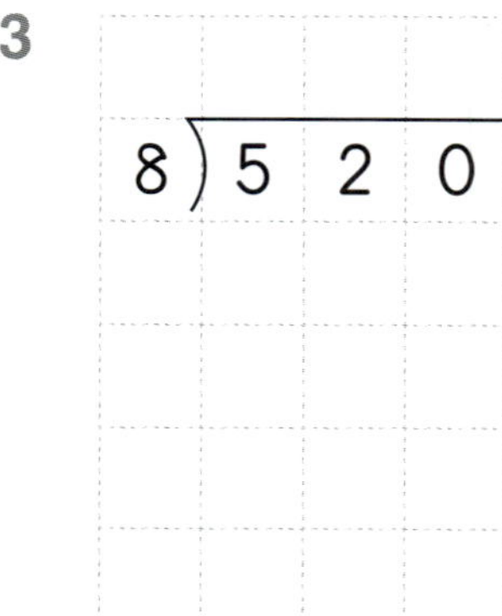

4

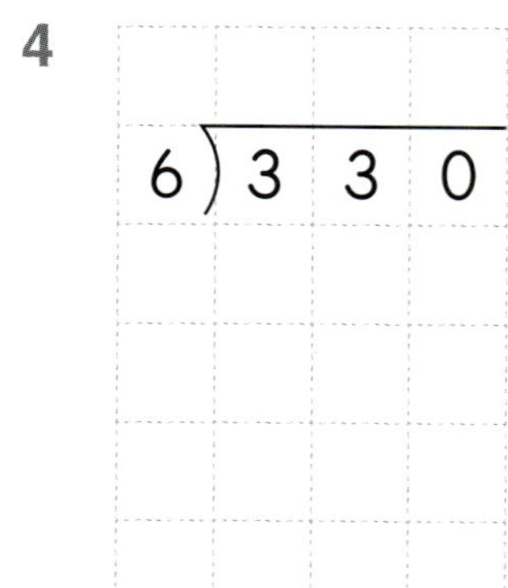

5

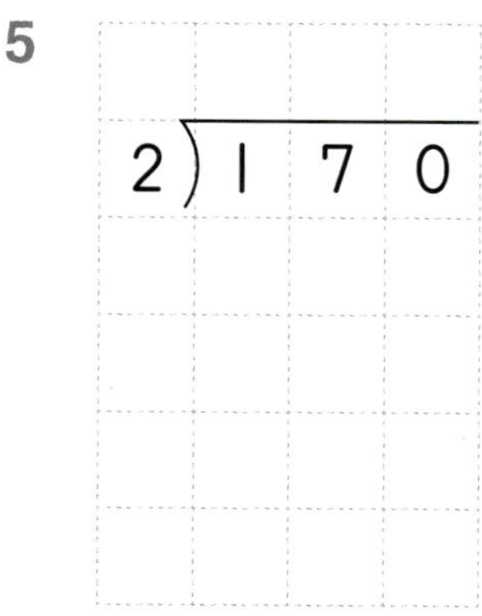

6

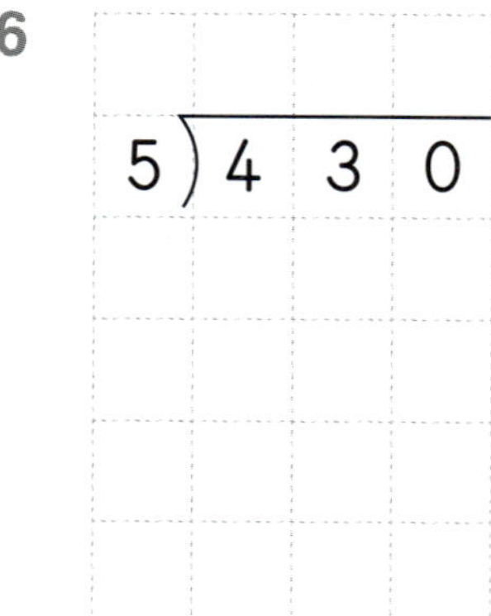

● 계산해 보세요.

7 $340 \div 4 =$ ☐ — 는

8 $150 \div 2 =$ ☐ — 람

9 $130 \div 5 =$ ☐ — 먹

10 $270 \div 6 =$ ☐ — 는

11 $220 \div 4 =$ ☐ — 비

12 $320 \div 5 =$ ☐ — 있

13 $150 \div 6 =$ ☐ — 사

14 $130 \div 2 =$ ☐ — 제

15 $380 \div 4 =$ ☐ — 수

16 $460 \div 5 =$ ☐ — 을

17 $210 \div 6 =$ ☐ — 이

수수께끼

25	75	35	26	92	95	64	45	65	55	85	?

06 내림이 있고 나머지가 있는 (몇백몇십)÷(몇)

✛ 470÷9의 계산

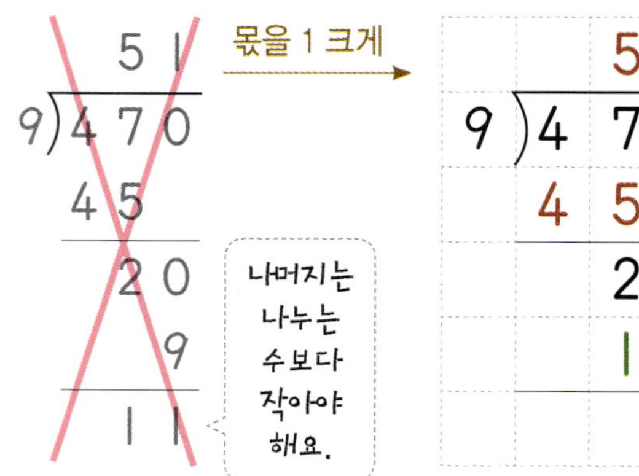

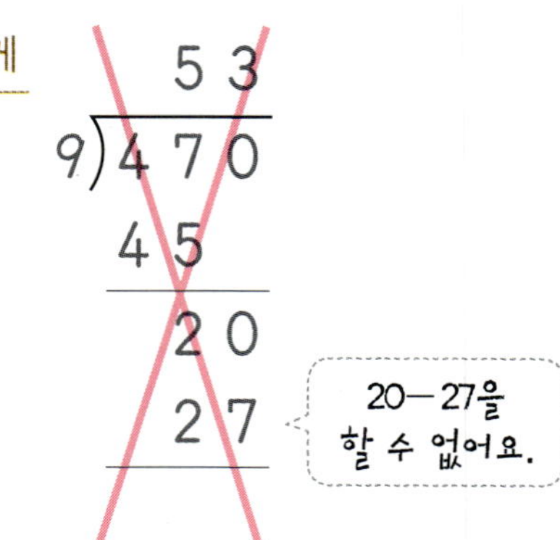

● 계산해 보세요.

1

8)6 3 0

2

6)5 2 0

3

7)4 5 0

4

3)2 6 0

5

4)3 1 0

6

6)4 3 0

● 반찬을 접시에 똑같이 나누어 담았습니다. 접시 한 개에 담긴 반찬의 양과 담고 남은 반찬의 양을
차례로 구하세요.

7

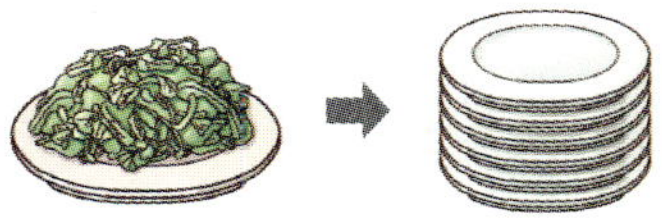

시금치무침(250 g) → 6접시

식 ____________________

답 [ ] g, [ ] g

↑ 접시 한 개에 담긴 반찬의 양
↑ 남은 반찬의 양

8

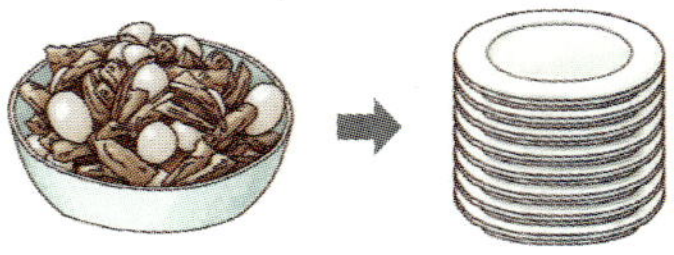

장조림(430 g) → 8접시

식 ____________________

답 [ ] g, [ ] g

9

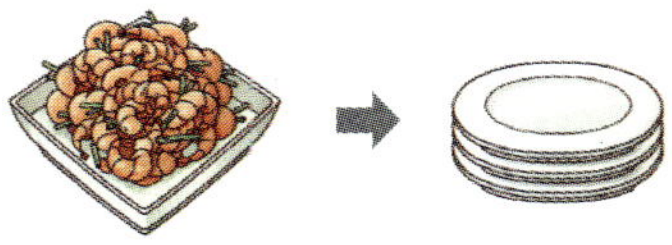

새우볶음(130 g) → 3접시

식 ____________________

답 [ ] g, [ ] g

10

호박전(350 g) → 4접시

식 ____________________

답 [ ] g, [ ] g

11

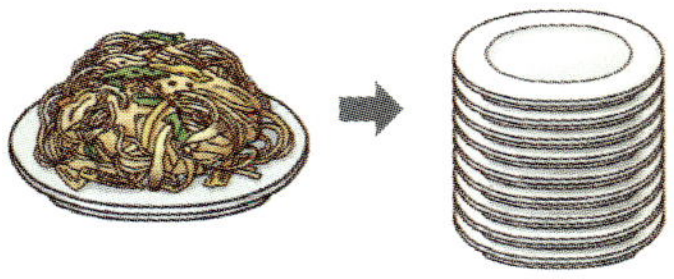

잡채(280 g) → 9접시

식 ____________________

답 [ ] g, [ ] g

12

동그랑땡(330 g) → 7접시

식 ____________________

답 [ ] g, [ ] g

13

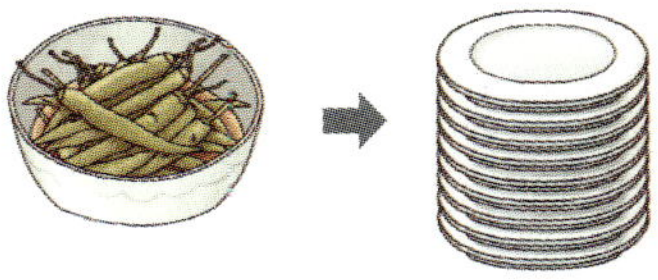

고추장아찌(250 g) → 9접시

식 ____________________

답 [ ] g, [ ] g

14

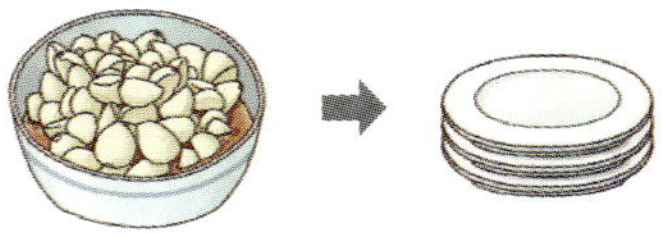

마늘장아찌(260 g) → 3접시

식 ____________________

답 [ ] g, [ ] g

07 검산하기

✤ 80÷6 검산하기

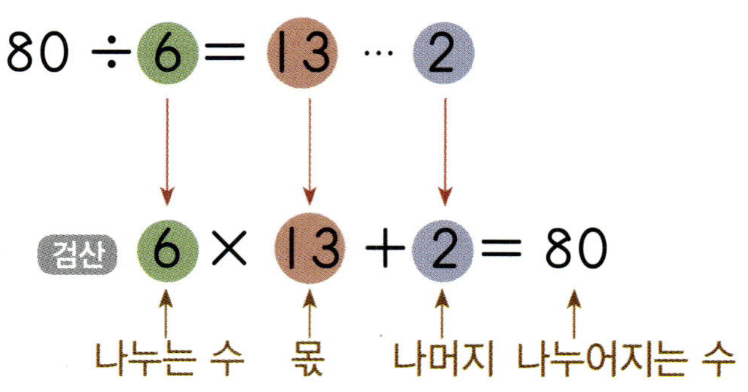

$$80 \div 6 = 13 \cdots 2$$

검산 $6 \times 13 + 2 = 80$

나누는 수　몫　나머지　나누어지는 수

● 계산을 하고 검산을 하세요.

1　$90 \div 3 = \boxed{}$

　　검산　$3 \times \boxed{} = 90$

2　$70 \div 4 = \boxed{} \cdots \boxed{}$

　　검산　$4 \times \boxed{} + \boxed{} = 70$

3　$80 \div 6 = \boxed{} \cdots \boxed{}$

　　검산

4　$90 \div 7 = \boxed{} \cdots \boxed{}$

　　검산

5　$420 \div 6 = \boxed{}$

　　검산

6　$270 \div 5 = \boxed{}$

　　검산

7　$370 \div 8 = \boxed{} \cdots \boxed{}$

　　검산

8　$350 \div 6 = \boxed{} \cdots \boxed{}$

　　검산

● 나눗셈을 하고 사다리를 타고 내려 가 만나는 곳에 검산식을 쓰세요.

9

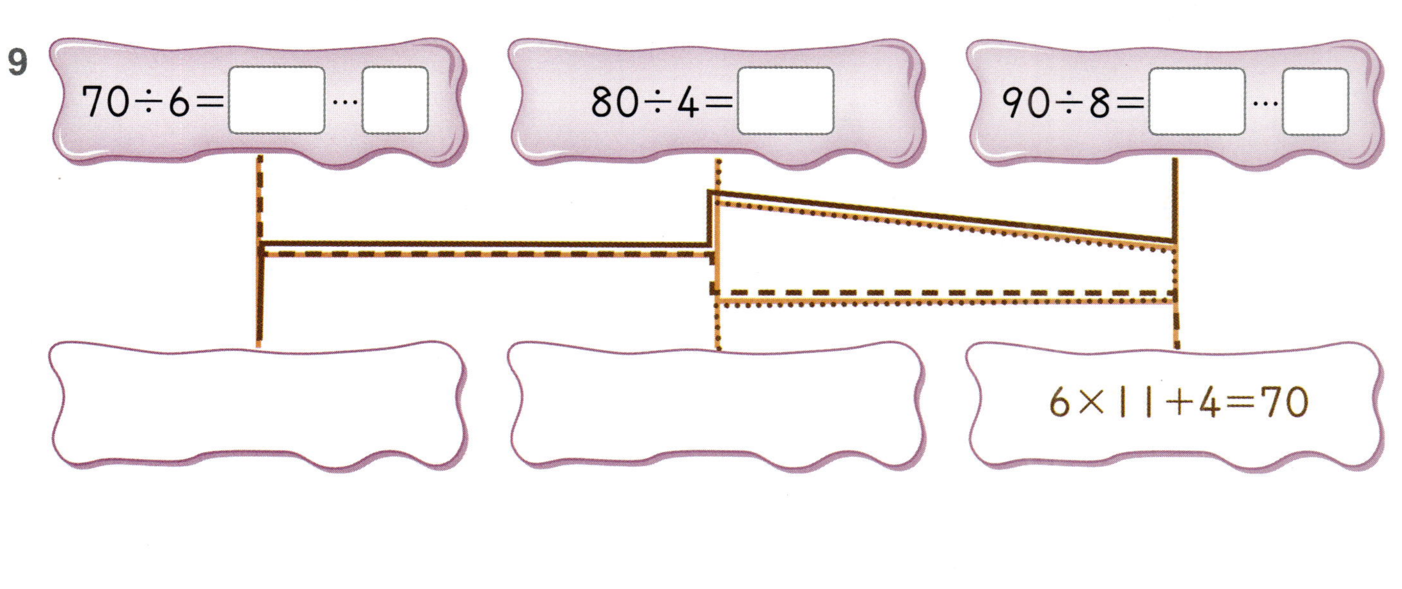

10

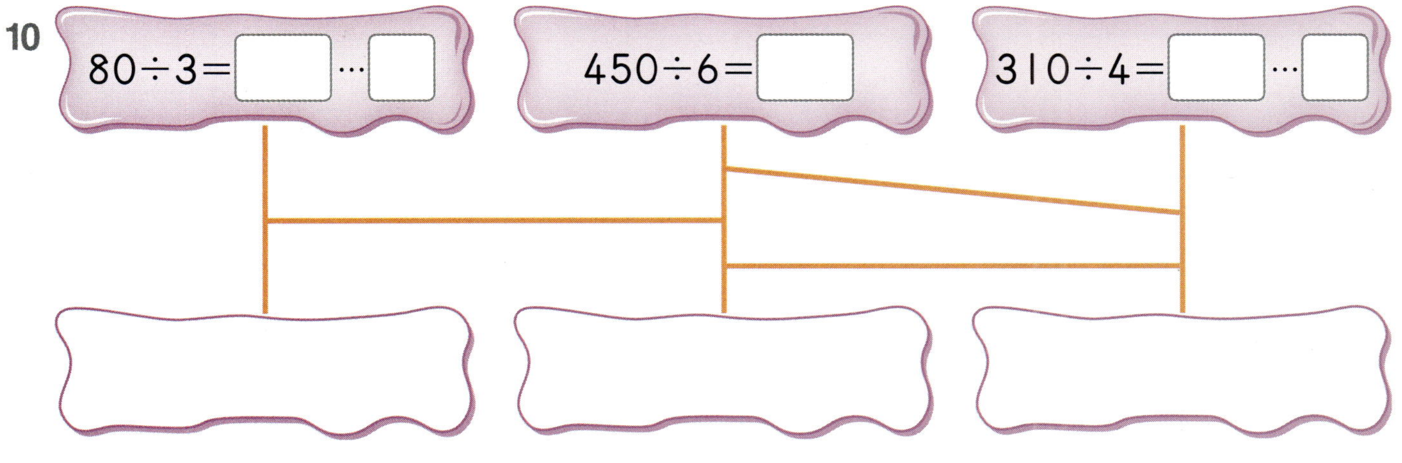

11

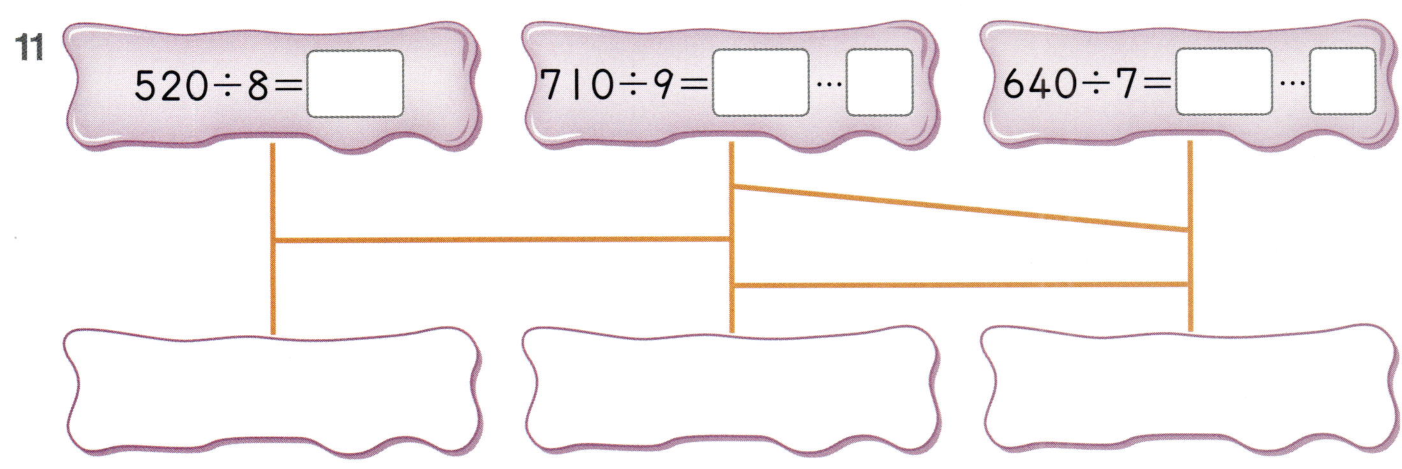

● **보기** 와 같이 나눗셈을 하고 ☐ 안에 몫을, ◯ 안에 나머지를 써넣으세요.

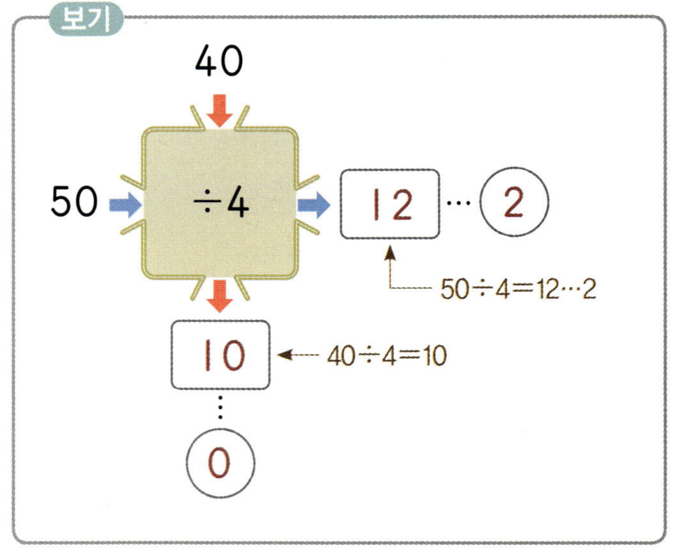

1

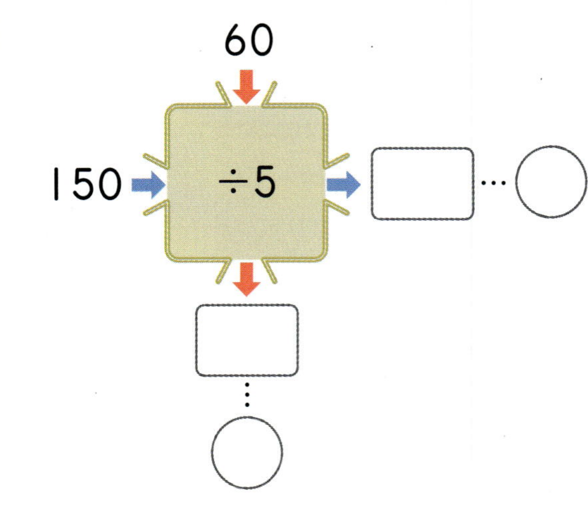

2

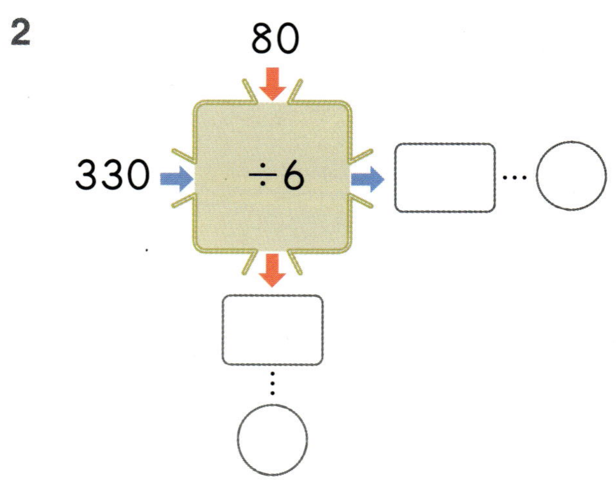

3

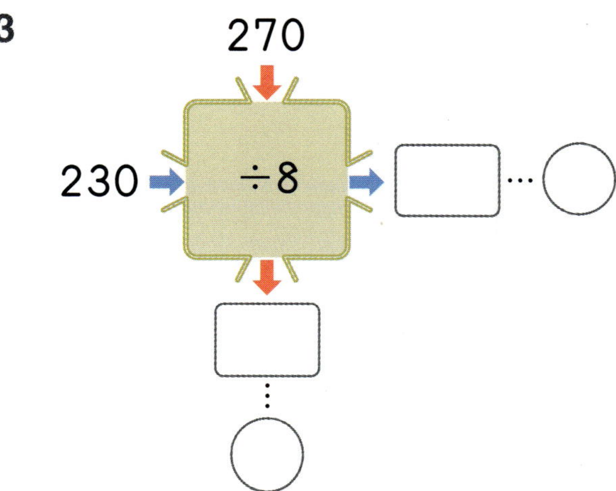

4

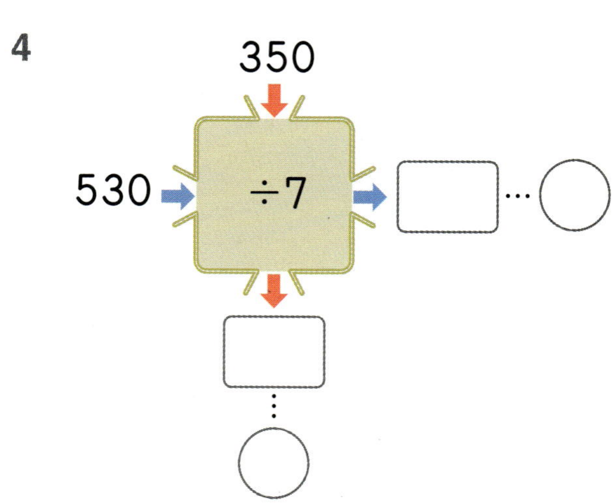

5

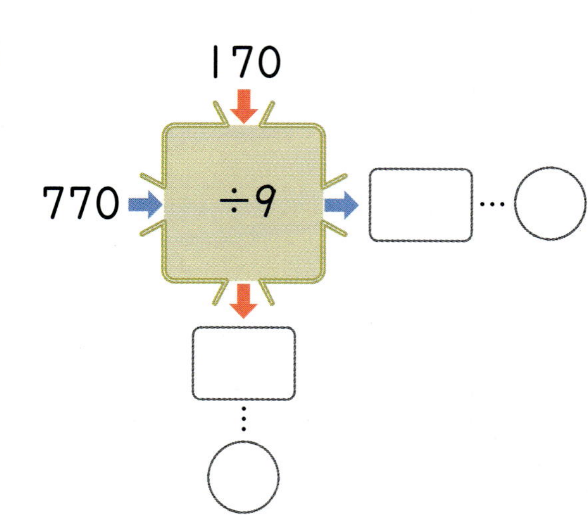

● □ 안에 몫을, ○ 안에 나머지를 써넣으세요.

6

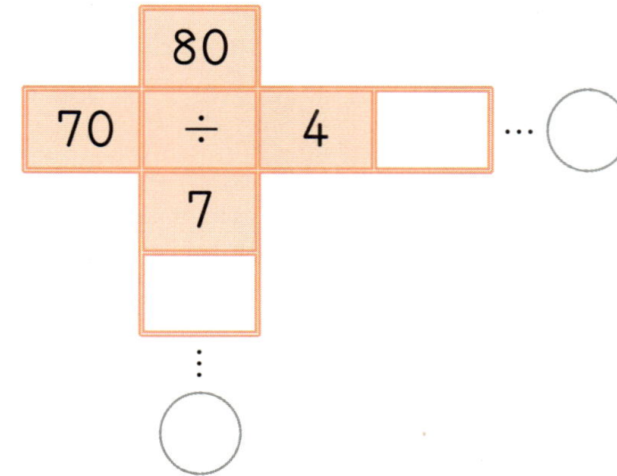

7

8

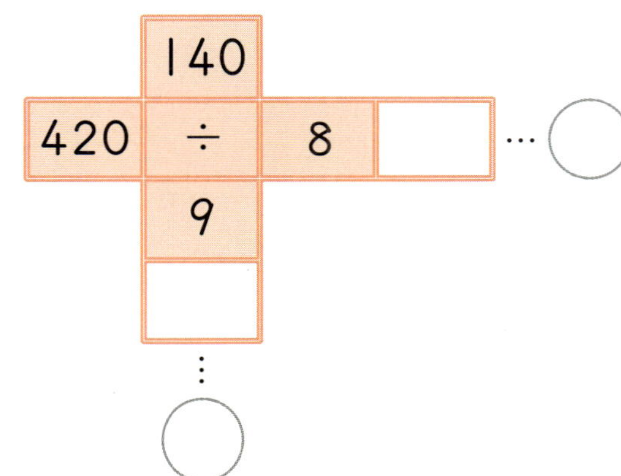

9

10

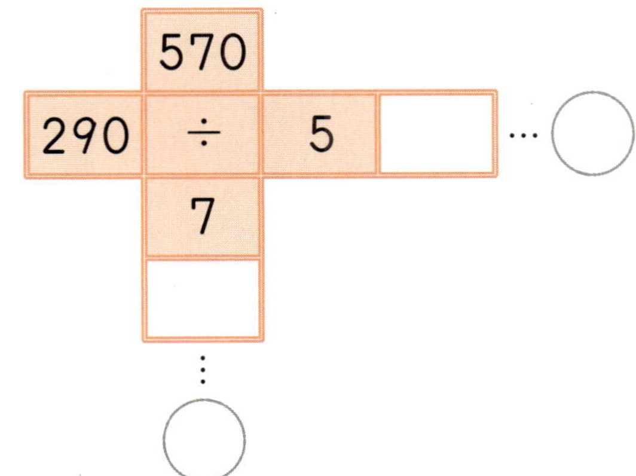

11

● 계산해 보세요.

1 $2\overline{)6\,0}$

2 $4\overline{)8\,0}$

3 $6\overline{)9\,0}$

4 $7\overline{)8\,0}$

5 $3\overline{)7\,0}$

6 $8\overline{)9\,0}$

7 $5\overline{)3\,3\,0}$

8 $6\overline{)4\,8\,0}$

9 $3\overline{)2\,1\,0}$

10 $4\overline{)2\,6\,0}$

11 $2\overline{)1\,5\,0}$

12 $9\overline{)8\,8\,0}$

13 $8\overline{)7\,5\,0}$

14 $7\overline{)5\,3\,0}$

15 $6\overline{)2\,9\,0}$

16 $80 \div 2$	**17** $90 \div 2$
$80 \div 5$	$90 \div 3$
18 $90 \div 7$	**19** $70 \div 6$
$80 \div 3$	$90 \div 8$
20 $280 \div 7$	**21** $180 \div 5$
$210 \div 3$	$260 \div 4$
22 $280 \div 8$	**23** $220 \div 3$
$570 \div 6$	$460 \div 7$
24 $310 \div 4$	**25** $250 \div 7$
$130 \div 9$	$220 \div 8$

냠
냠

쩝
쩝

맛있죠?
제가 직접 만든
거라구요.
무척 맛있어~!
성냥소녀가 이걸 직접
만들었다니 대단하구나.

네! 요정님이랑
같이 먹으려고
만든 거예요.

내 것은 있겠지?
아니요.

앗…. 이 목소리는….

같이 먹자고
하고선 내가 없는
사이에 호두과자를
먹어버리다니!!
너무 하잖아!
으악!!

아하하…. 아직
남았다구….
우리 셋이서
나눠 먹자.

▶ (두 자리 수)÷(한 자리 수)
▶ (세 자리 수)÷(한 자리 수)
▶ 검산하기

연산력 게임

스마트폰을 이용하여 QR을 찍으면 재미있는 연산 게임을 할 수 있습니다.

01 내림이 없는 (몇십몇)÷(몇)

✢ 36÷3의 계산

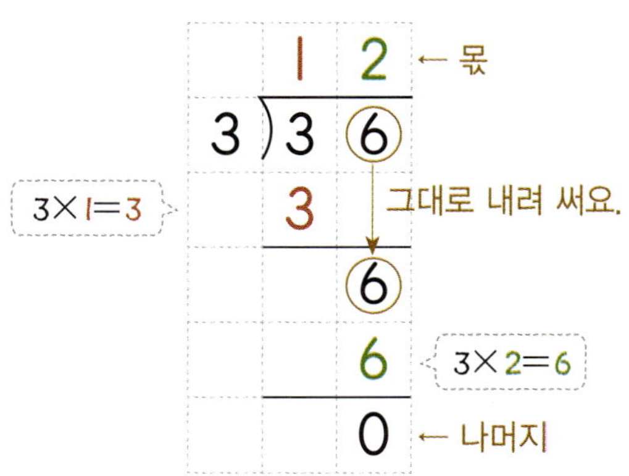

● 계산해 보세요.

1

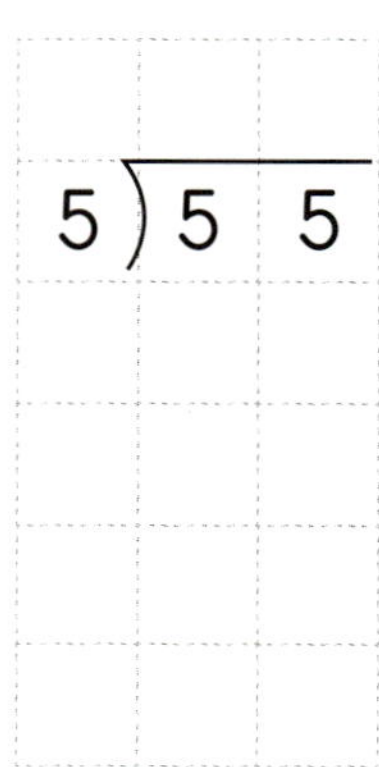

2

4) 4 8

3

4

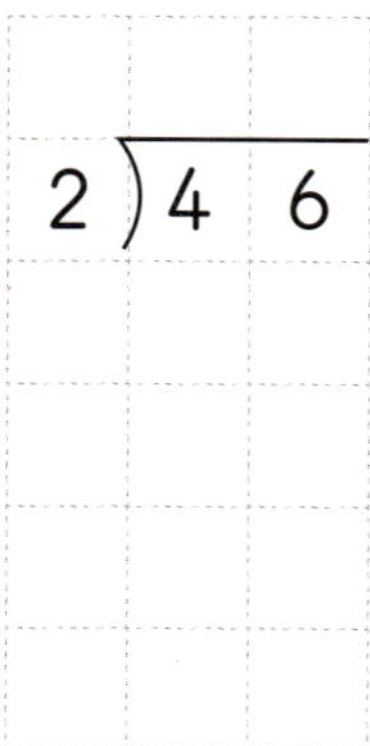

5

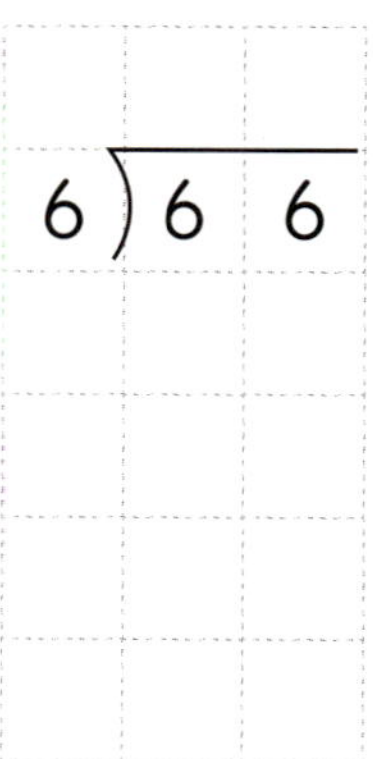

6

● 바퀴의 수가 다음과 같을 때 각각 몇 대씩 만들 수 있는지 구하세요.

7

바퀴 28개

➡ $28 \div 2 =$ ☐ (대)

8

바퀴 44개

➡ $44 \div 4 =$ ☐ (대)

9

바퀴 39개

➡ ____________ (대)

10

바퀴 66개

➡ ____________ (대)

11

바퀴 88개

➡ ____________ (대)

12

바퀴 93개

➡ ____________ (대)

13

바퀴 86개

➡ ____________ (대)

14

바퀴 84개

➡ ____________ (대)

02 내림이 있는 (몇십몇)÷(몇)

✤ 56÷4의 계산

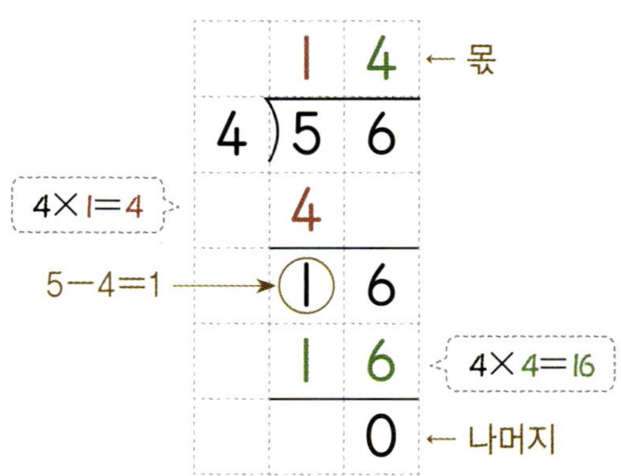

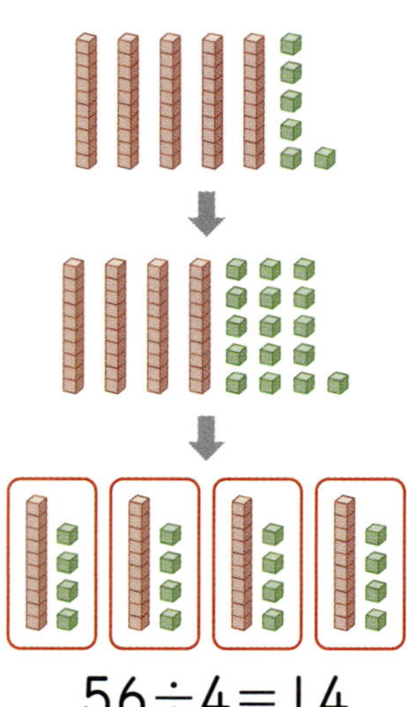

● 계산해 보세요.

1
6)7 2

2
3)8 4

3
8)9 6

4

2)5 8

5

4)7 6

6

5)8 5

● 다음과 같이 길이가 각각 같은 블럭을 쌓아 탑을 만들었습니다. 블럭의 물음표(?)로 나타낸 부분의 길이를 각각 구하세요.

7

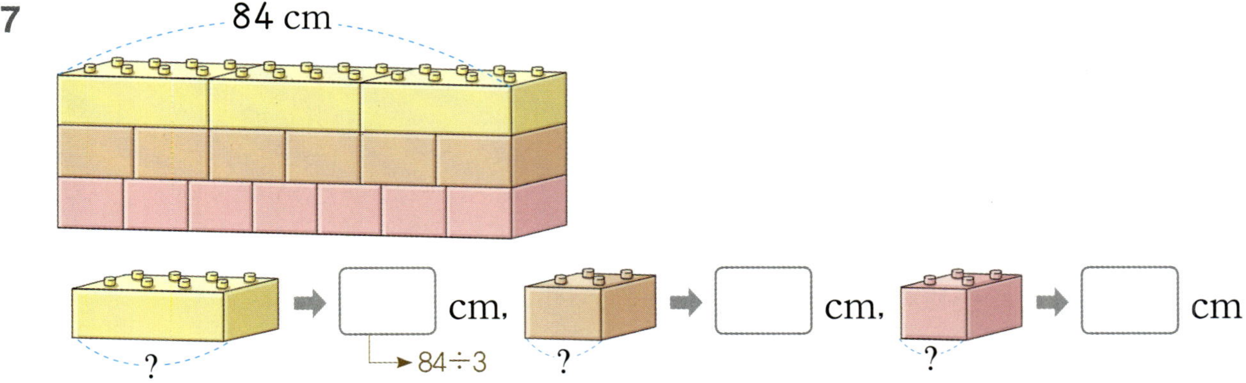

8

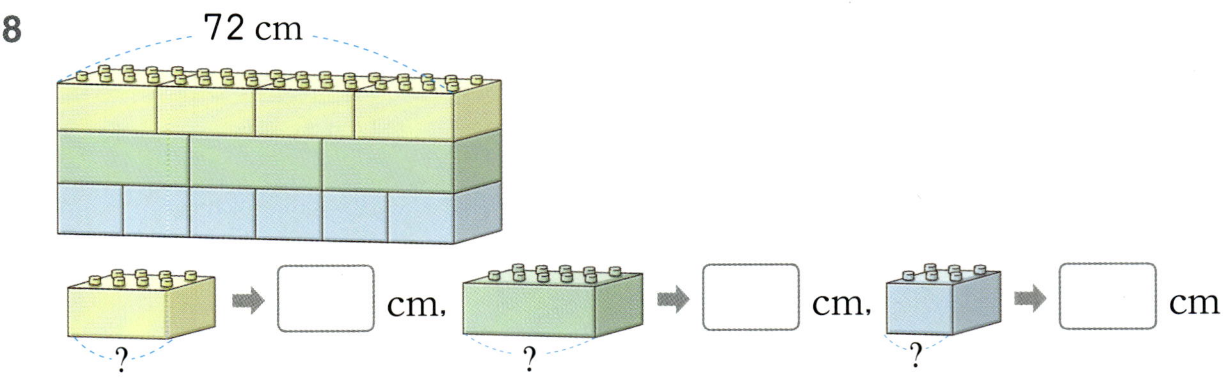

9

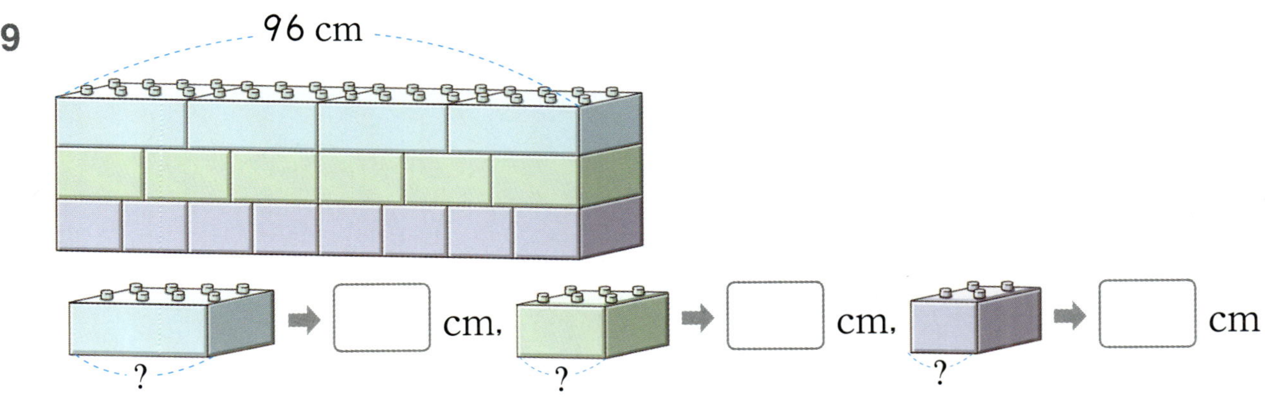

03 나머지가 있는 (몇십몇)÷(몇)

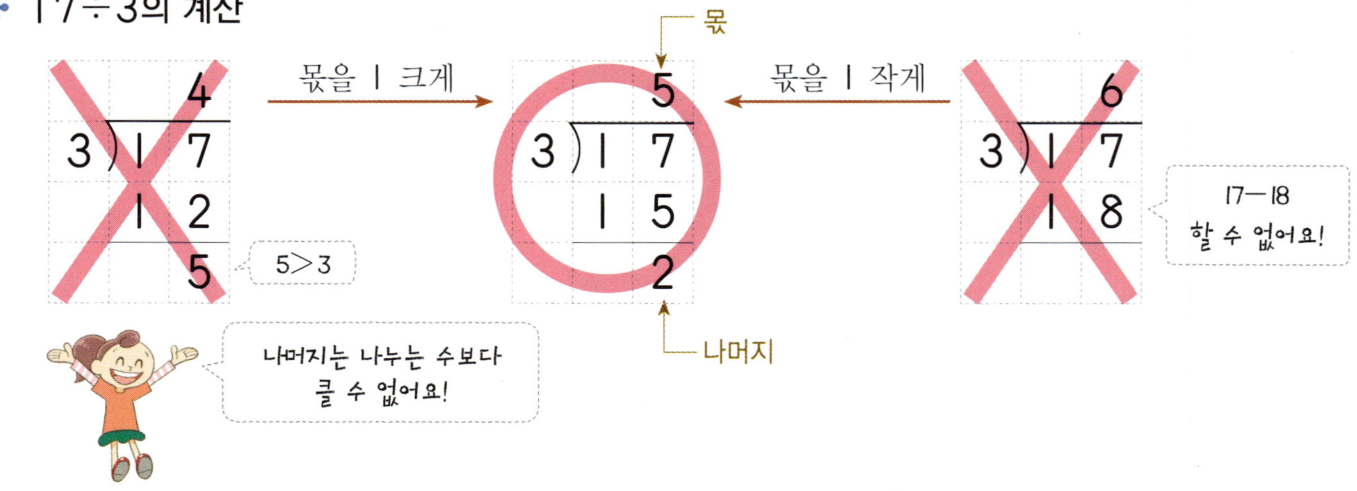

● 계산해 보세요.

1

$$4 \overline{)2\ 2}$$

2

$$9 \overline{)7\ 5}$$

3

$$7 \overline{)5\ 5}$$

4

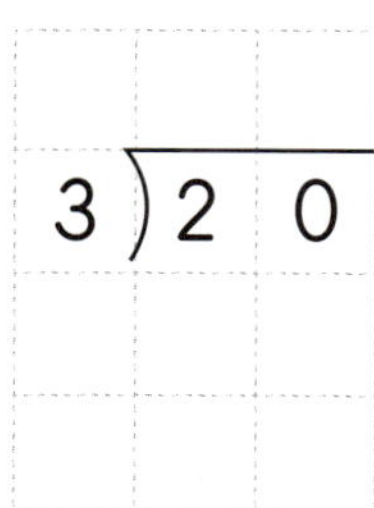

$$3 \overline{)2\ 0}$$

5

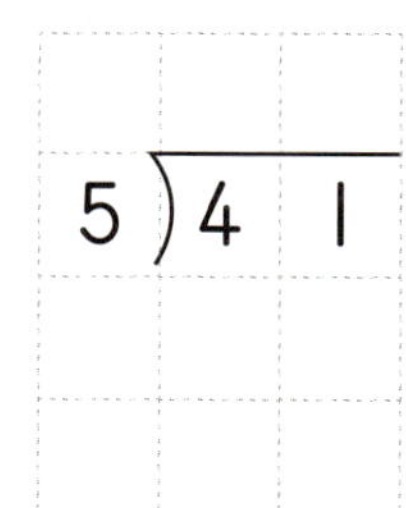

$$5 \overline{)4\ 1}$$

6

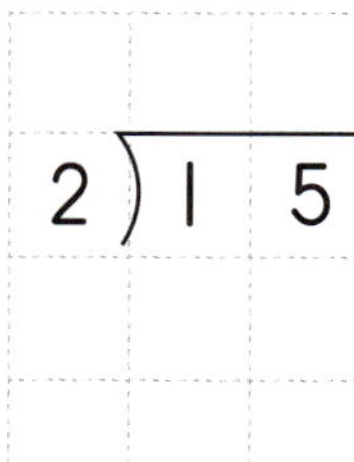

$$2 \overline{)1\ 5}$$

7

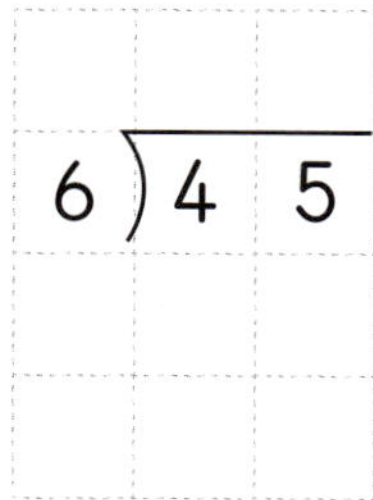

$$6 \overline{)4\ 5}$$

8

$$7 \overline{)1\ 9}$$

9

$$8 \overline{)3\ 8}$$

● 물고기에 쓰여진 수를 찾아 나눗셈식을 쓰고 몫과 나머지를 구하세요.

10

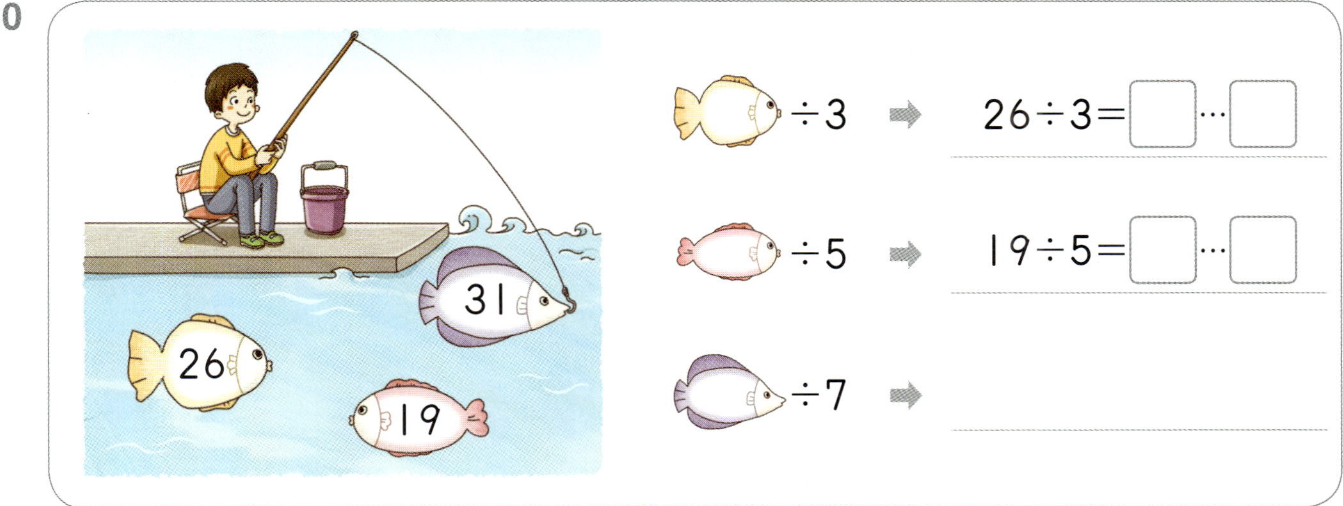

$\div 3$ ➡ $26 \div 3 = \boxed{} \cdots \boxed{}$

$\div 5$ ➡ $19 \div 5 = \boxed{} \cdots \boxed{}$

$\div 7$ ➡

11

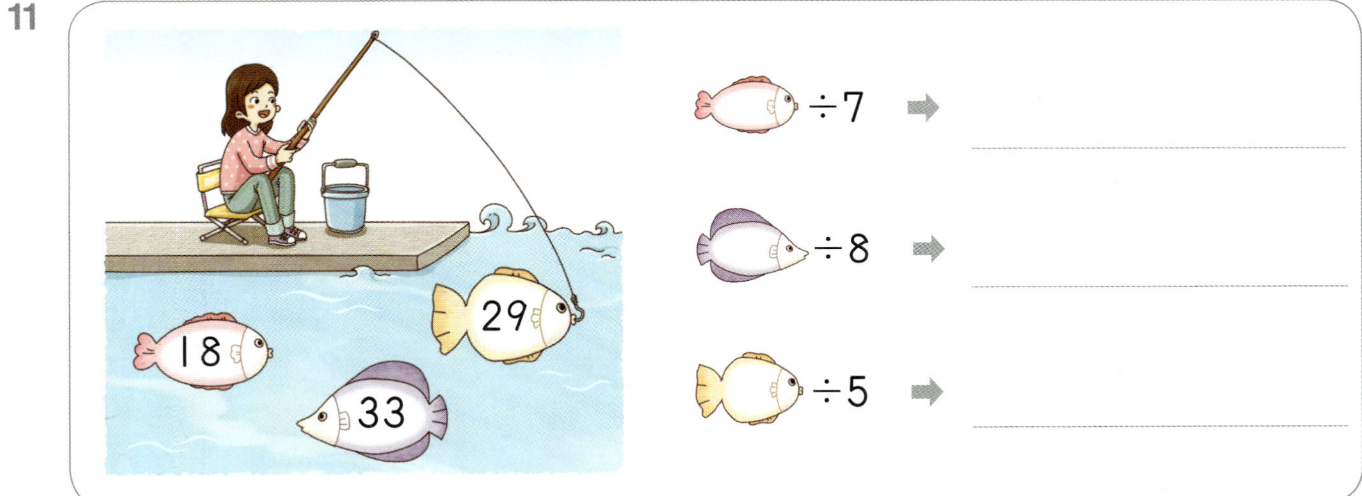

$\div 7$ ➡

$\div 8$ ➡

$\div 5$ ➡

12

$\div 4$ ➡

$\div 9$ ➡

$\div 6$ ➡

04 내림이 없고 나머지가 있는 (몇십몇)÷(몇)

✤ 83÷2의 계산

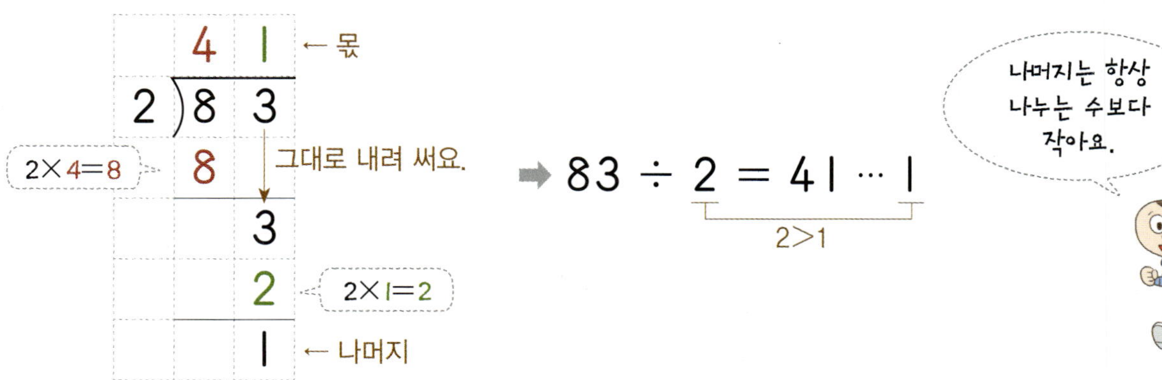

● 계산해 보세요.

1   5)5 7

2   4)8 6

3   2)6 5

4   8)8 9

5   3)9 8

6   6)6 7

7   9)9 2

8   7)7 3

9   8)8 1

● 계산해 보세요.

10 $5\overline{)53}$ 전

11 $4\overline{)46}$ 사

12 $3\overline{)95}$ 결

13 $6\overline{)69}$ 화

14 $2\overline{)63}$ 초

15 $5\overline{)58}$ 위

16 $3\overline{)34}$ 필

17 $6\overline{)68}$ 귀

18 $7\overline{)79}$ 보

19 $2\overline{)69}$ 은

20 $3\overline{)98}$ 정

21 $4\overline{)87}$ 복

내림이 있고 나머지가 있는 (몇십몇)÷(몇)

✛ 75÷6의 계산

● 계산해 보세요.

1

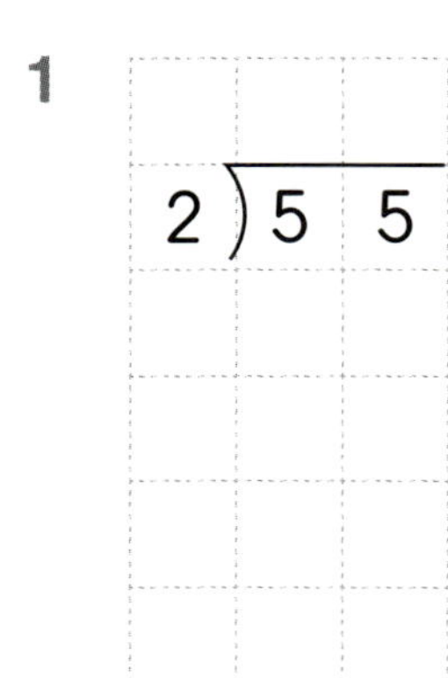

2

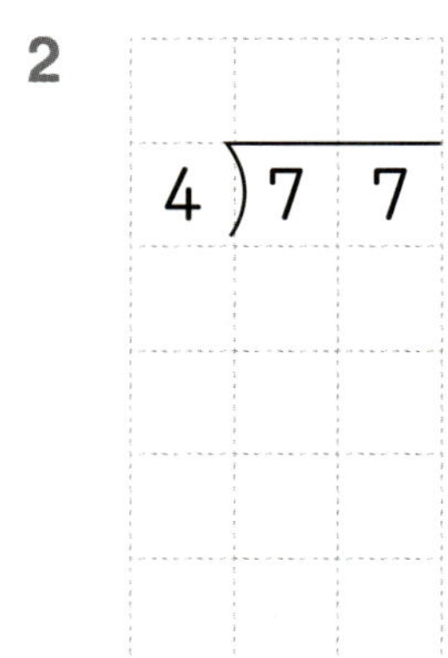

3

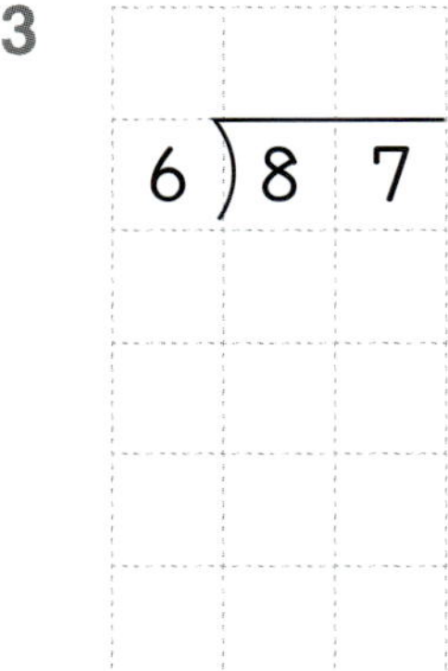

4

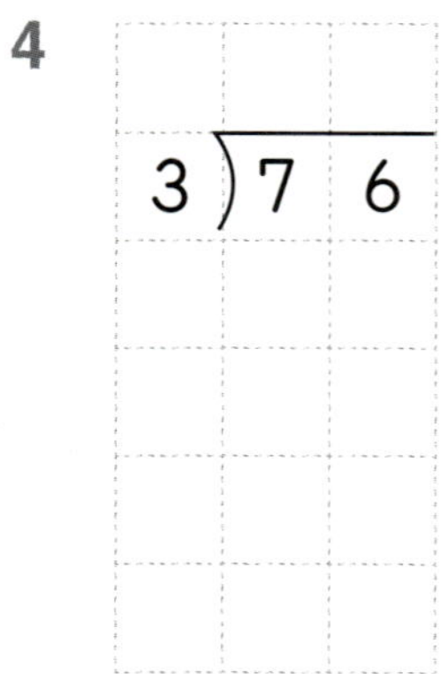

5

6

● 수확한 사과를 주어진 상자에 최대한 똑같이 나누어 담을 때 남은 사과 수를 구하세요.

7

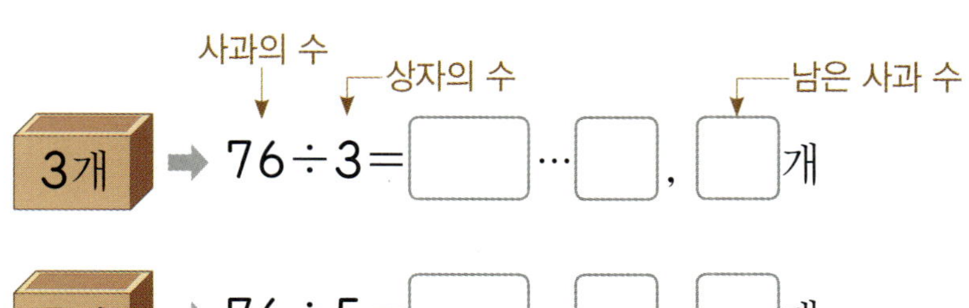

8

9

수확한 사과: 94개

10

✤ 642÷2의 계산

$$642÷2=321$$

$6÷2=3$ $4÷2=2$ $2÷2=1$

● 계산해 보세요.

1   363÷3

2   408÷4

3   826÷2

4   963÷3

5   909÷9

6   844÷4

7   369÷3

8   648÷2

9   488÷4

10   696÷3

● 샌드위치 한 개에 들어가는 재료입니다. 나머지 재료가 충분히 있을 때 주어진 재료로 만들 수 있는 샌드위치 수는 몇 개인지 구하세요.

<샌드위치 재료>

- 식빵 2개
- 치즈 2장
- 피망 3조각
- 오이 6조각
- 양상추 2장
- 토마토 2조각
- 베이컨 4장
- 양파 3조각

11 베이컨: 848장

➡ 848÷4= ☐ (개)

12 치즈: 682장

➡ 682÷2= ☐ (개)

13 양파: 639조각

➡ ________ (개)

14 양상추: 428장

➡ ________ (개)

15 오이: 606조각

➡ ________ (개)

16 식빵: 846개

➡ ________ (개)

17 토마토: 288조각

➡ ________ (개)

18 피망: 939조각

➡ ________ (개)

07 내림이 있고 나머지가 없는 (세 자리 수)÷(한 자리 수)

✛ 762÷3의 계산

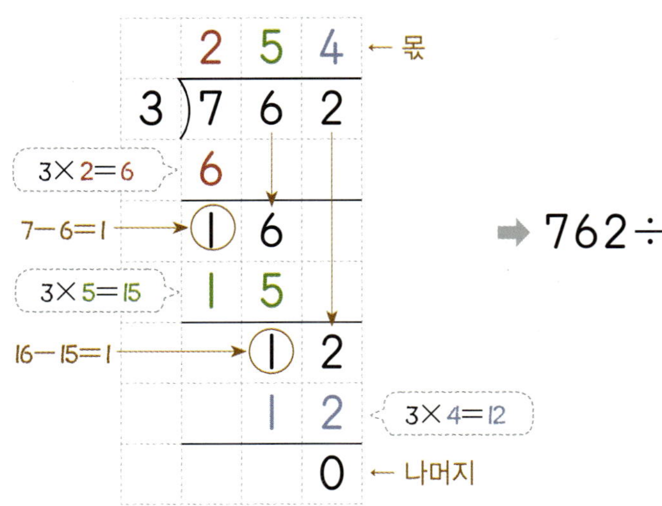

→ 762÷3=254

● 계산해 보세요.

1

$$4\overline{)704}$$

2

$$5\overline{)975}$$

3

$$3\overline{)888}$$

4

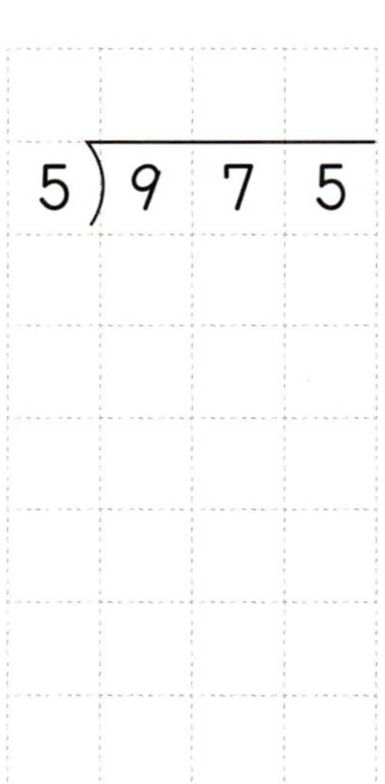

$$2\overline{)756}$$

5

$$8\overline{)992}$$

6

$$4\overline{)972}$$

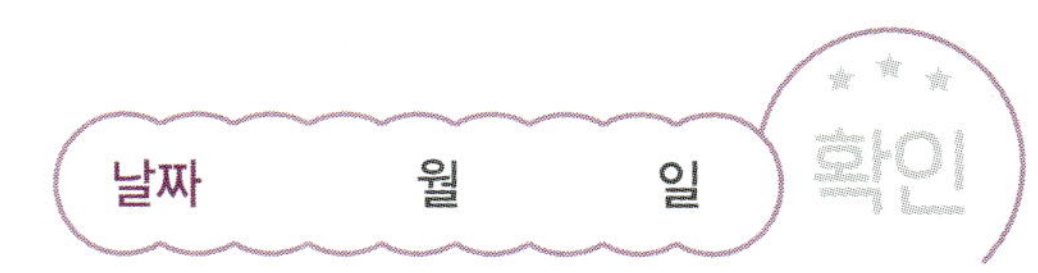

● 계산해 보세요.

7

$770 \div 5$

8

$672 \div 4$

9

$861 \div 7$

10
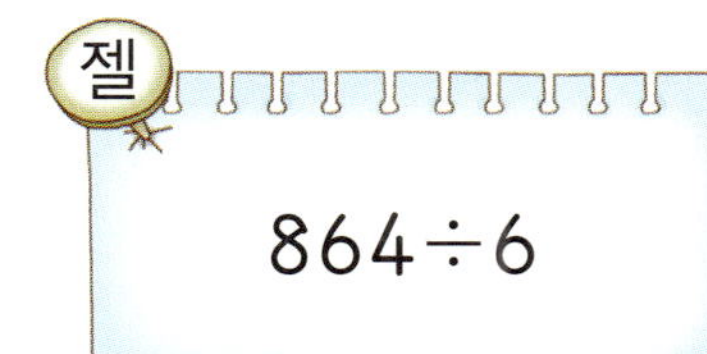
$864 \div 6$

11

$768 \div 3$

12

$936 \div 4$

13

$597 \div 3$

14

$708 \div 4$

15
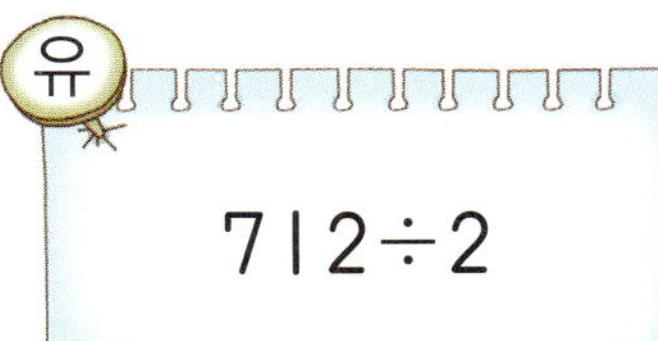
$712 \div 2$

연상퀴즈								
256	168	177	154	234	356	144	199	123

내림이 있고 나머지가 있는 (세 자리 수)÷(한 자리 수)

✤ 597÷4의 계산

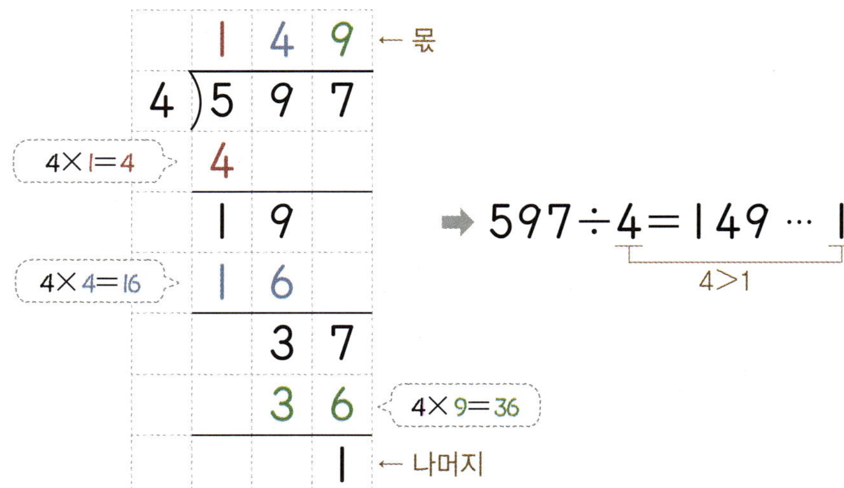

$$597÷4=149 \cdots 1$$
4>1

● 계산해 보세요.

1

$5\overline{)8\ 7\ 6}$

2

$7\overline{)9\ 5\ 5}$

3

$2\overline{)5\ 7\ 3}$

4

$3\overline{)5\ 8\ 7}$

5

$8\overline{)9\ 5\ 3}$

6

$4\overline{)7\ 7\ 7}$

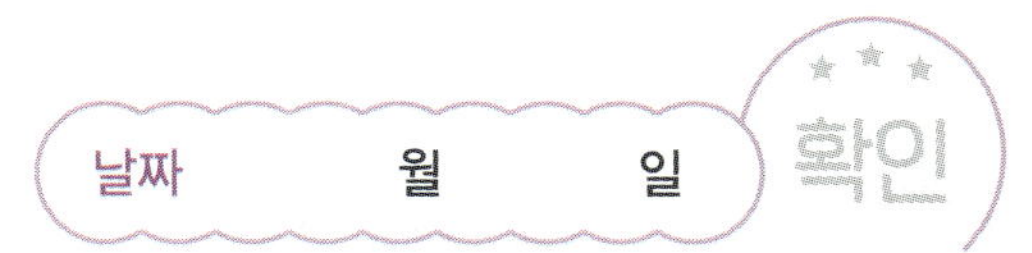

● 각 통에 담을 수 있는 아이스크림의 양입니다. 똑같이 나누어 먹고 남은 아이스크림의 양을 구하세요.

ㄱ 469g   ㄴ 533g   ㄷ 626g   ㄹ 961g

7 2명이 나누어 먹었어요.

남은 아이스크림의 양

ㄱ 식 $469 \div 2 =$ ☐ … ☐

답 _______ g

8 3명이 나누어 먹었어요.

ㄱ 식 $469 \div 3 =$ ☐ … ☐

답 _______ g

9 3명이 나누어 먹었어요.

ㄴ 식 _______

답 _______ g

10 4명이 나누어 먹었어요.

ㄴ 식 _______

답 _______ g

11 4명이 나누어 먹었어요.

ㄷ 식 _______

답 _______ g

12 5명이 나누어 먹었어요.

ㄷ 식 _______

답 _______ g

13 5명이 나누어 먹었어요.

ㄹ 식 _______

답 _______ g

14 7명이 나누어 먹었어요.

ㄹ 식 _______

답 _______ g

✚ 89÷6 검산하기

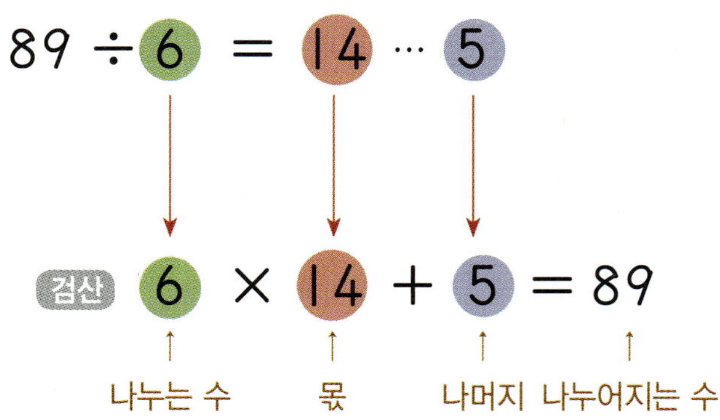

$$89 \div 6 = 14 \cdots 5$$

검산 $6 \times 14 + 5 = 89$

나누는 수 몫 나머지 나누어지는 수

● 계산을 하고 검산을 하세요.

1 48÷4= ☐

검산 ______
└▸ (나누는 수)×(몫)=(나누어지는 수)

2 57÷3= ☐

검산 ______

3 27÷7= ☐ … ☐

검산 ______
└▸ (나누는 수)×(몫)+(나머지)=(나누어지는 수)

4 98÷3= ☐ … ☐

검산 ______

5 74÷4= ☐ … ☐

검산 ______

6 648÷2= ☐

검산 ______

7 675÷5= ☐

검산 ______

8 794÷6= ☐ … ☐

검산 ______

● 계산을 하고 검산을 하세요.

9   $55 \div 8 =$ □ … □ → 품

검산 _______________________

10   $88 \div 6 =$ □ … □ → 갑

검산 _______________________

11   $88 \div 5 =$ □ … □ → 계

검산 _______________________

12   $96 \div 7 =$ □ … □ → 경

검산 _______________________

13   $327 \div 2 =$ □ … □ → 지

검산 _______________________

14   $566 \div 4 =$ □ … □ → 화

검산 _______________________

15   $962 \div 9 =$ □ … □ → 안

검산 _______________________

16   $998 \div 8 =$ □ … □ → 장

검산 _______________________

2	6	7

● 계산을 하여 ☐ 에는 몫을, ◯ 에는 나머지를 써넣으세요.

1
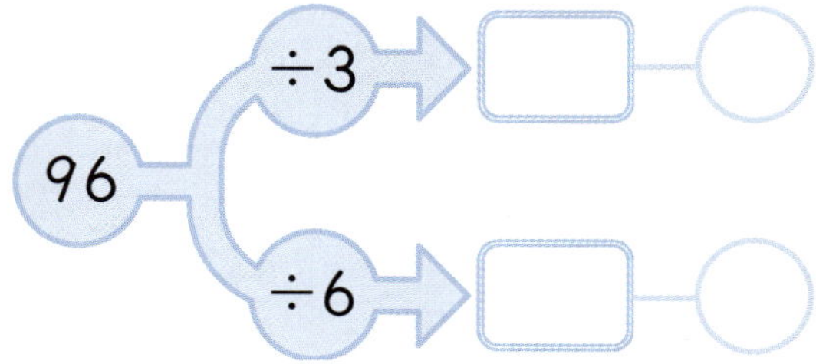

2
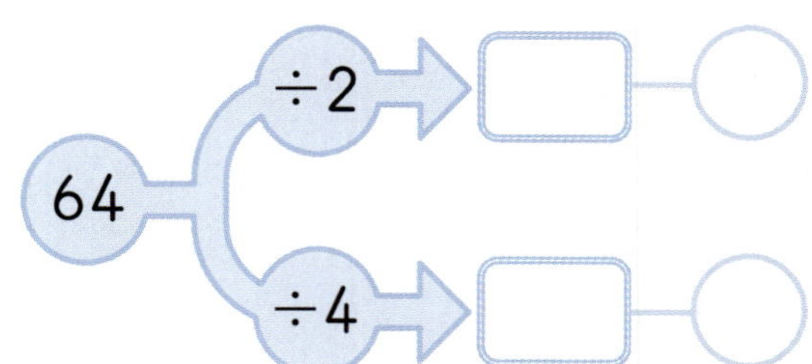

3
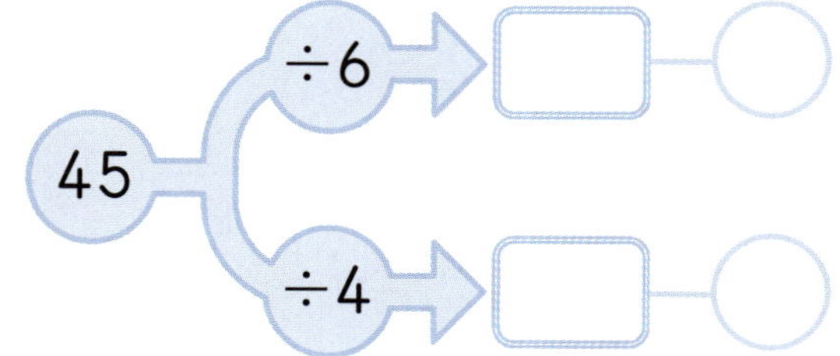

4
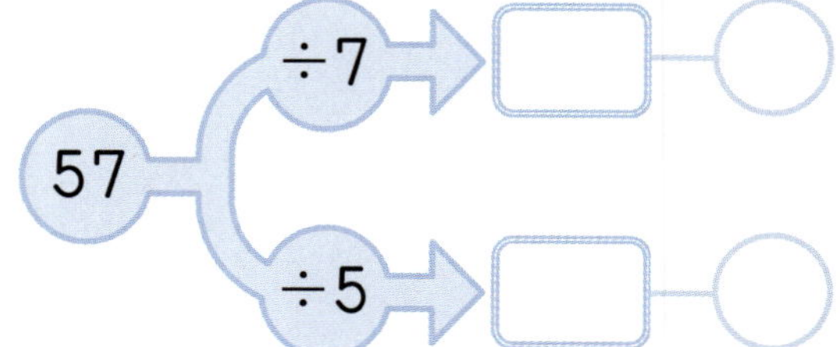

5
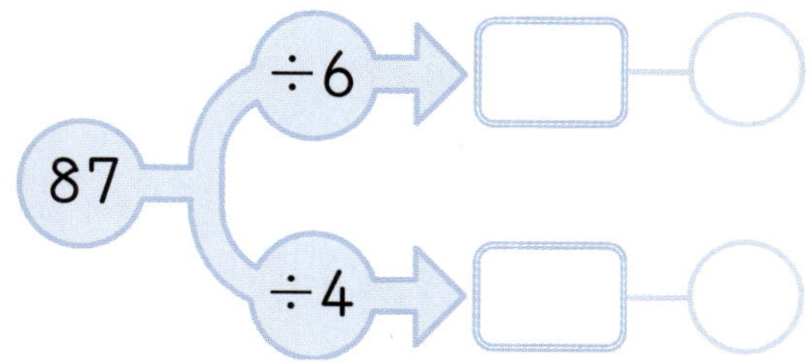

6
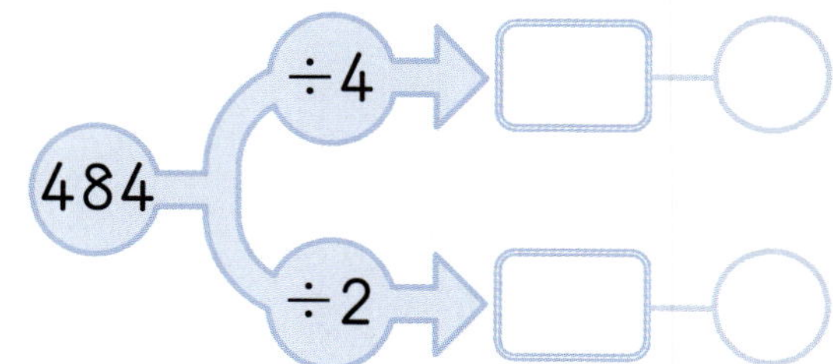

7
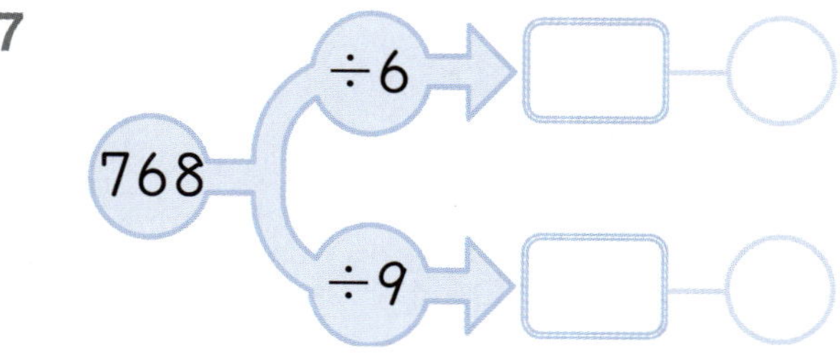

8
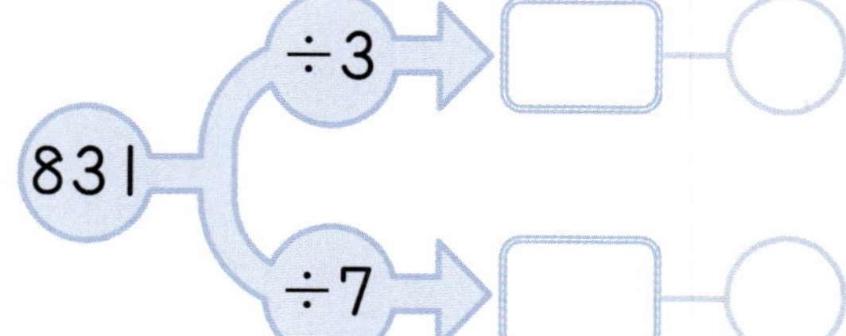

● 보기 와 같이 위의 수를 아래의 수로, 왼쪽 수를 오른쪽 수로 나눠 ☐ 에는 몫을, ◯ 에는 나머지를 써넣으세요.

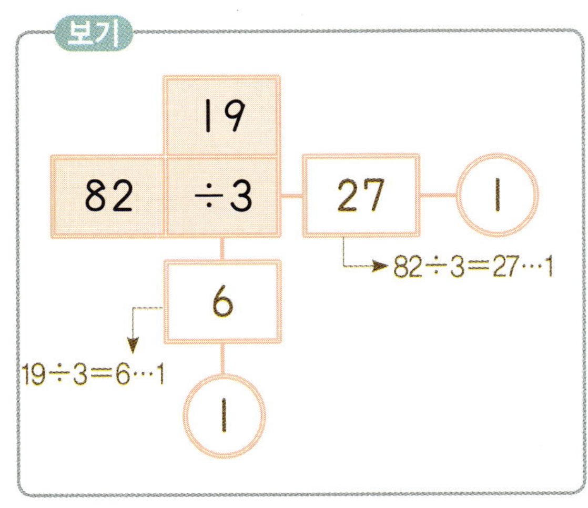

9
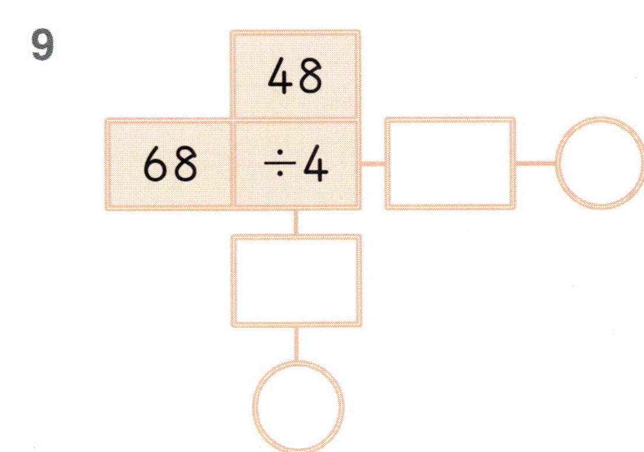

10
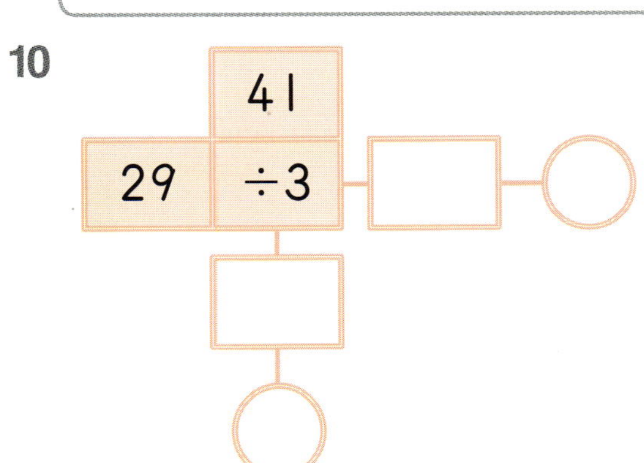

11
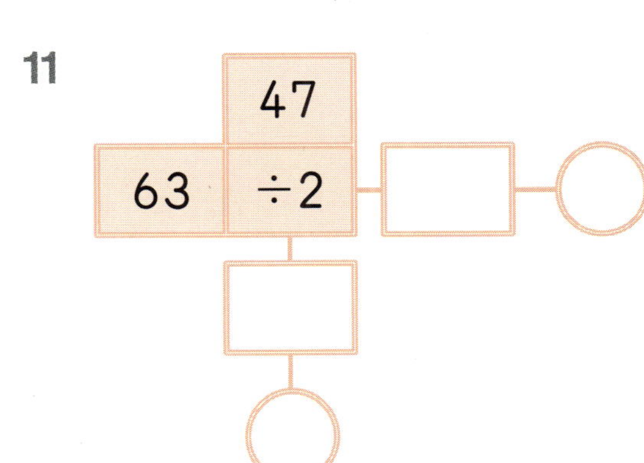

12
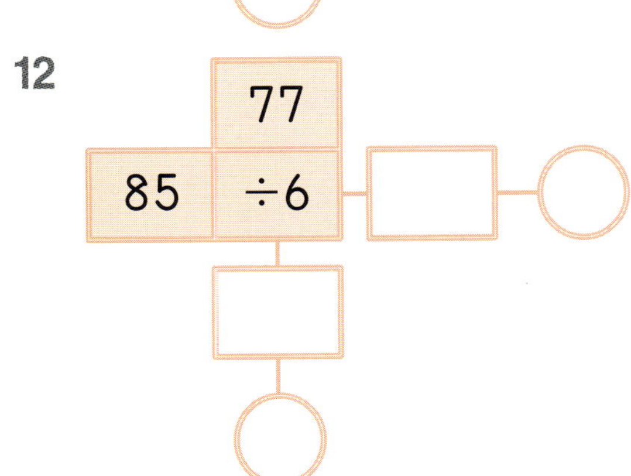

13
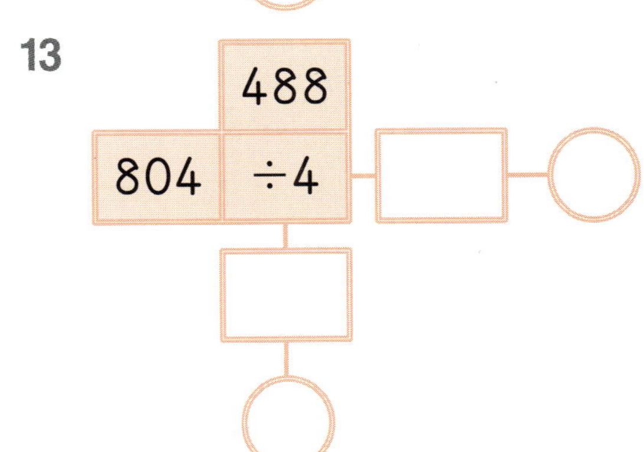

14
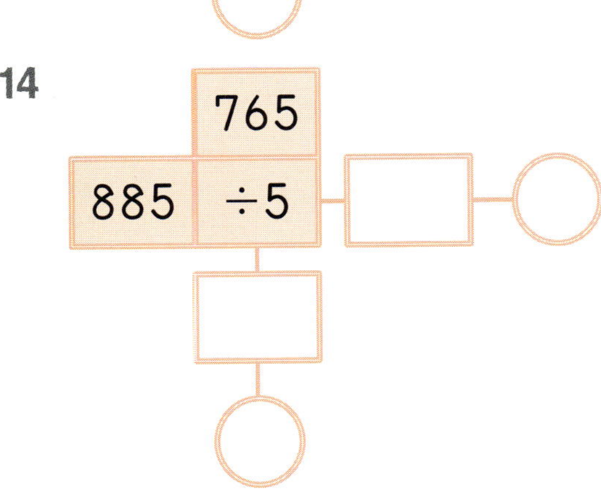

15
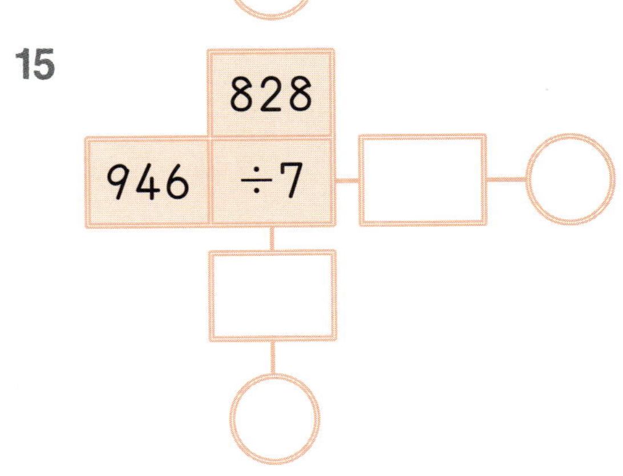

11 집중 연산 ❷

● 계산해 보세요.

1 7)27

2 9)85

3 6)45

4 3)39

5 2)72

6 5)59

7 4)74

8 2)85

9 8)99

10 6)666

11 4)844

12 5)715

13 3)869

14 7)952

15 8)987

16 $96 \div 3$

$78 \div 6$

17 $22 \div 5$

$45 \div 2$

18 $85 \div 7$

$58 \div 4$

19 $87 \div 2$

$78 \div 8$

20 $88 \div 9$

$78 \div 2$

21 $67 \div 4$

$89 \div 7$

22 $73 \div 5$

$83 \div 3$

23 $936 \div 8$

$774 \div 6$

24 $655 \div 4$

$921 \div 8$

25 $735 \div 6$

$357 \div 3$

분수의 합과 차

그런데 이제 팔 성냥이 없는데 어쩌지?
흐음….

그래! 이렇게 하자.
호두파이를 만들어서 파는 거야.

와~ 정말 대단해. 멋진 생각이야.

열심히 파이를 팔아서 부자가 될 거야!
좋아! 나도 돕지!
호두파이
중화반
산룡

청소도 끝났으니 파이를 팔아 볼까?
그래!

꼬르륵
꼬르륵

하하하~. 배가 고프네. 먼저 뭐 좀 먹고 시작할까?
찬성~
그래! 난 호두파이 먹을래.

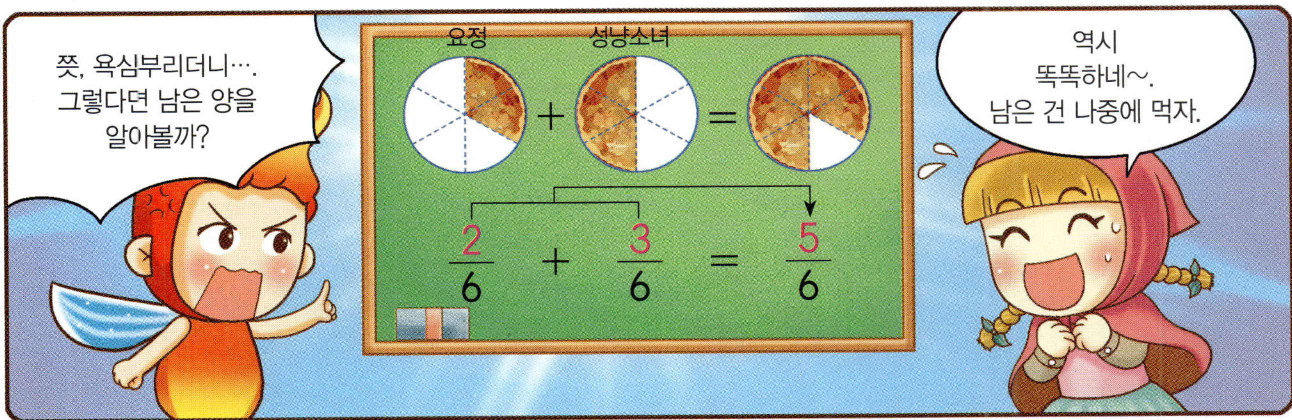

$$\frac{2}{6} + \frac{3}{6} = \frac{5}{6}$$

학습내용

- ▶ 진분수, 가분수, 대분수
- ▶ 두 분수의 크기 비교
- ▶ (진분수)＋(진분수), (가분수)＋(가분수)
- ▶ (진분수)－(진분수), (가분수)－(진분수)

연산력 게임

스마트폰을 이용하여 QR을 찍으면 재미있는 연산 게임을 할 수 있습니다.

01 진분수, 가분수, 대분수

✤ **진분수, 가분수 알아보기**

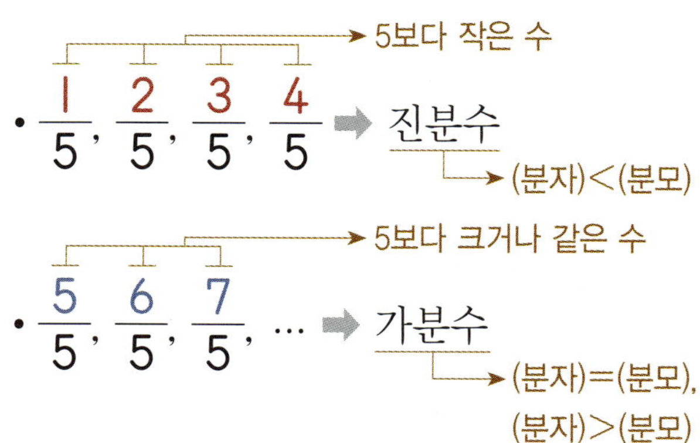

✤ **대분수 알아보기**

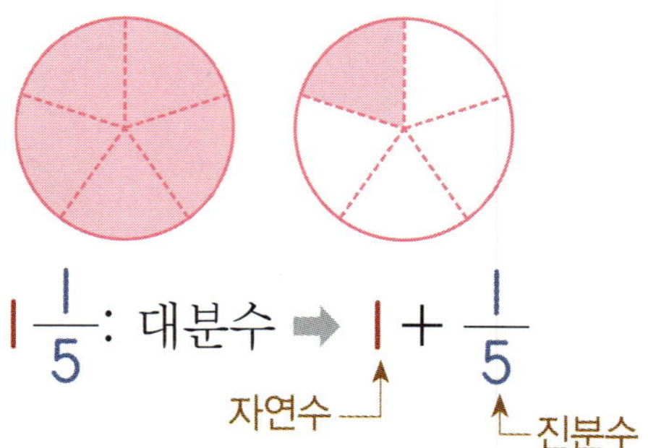

$1\dfrac{1}{5}$: 대분수 ➡ $1 + \dfrac{1}{5}$

자연수　　진분수

> **참고**
>
> 자연수와 가분수로 이루어져 있으면 대분수가 아니에요.
>
> $1\dfrac{6}{5}$ ➡ 대분수가 아니에요.
>
> 자연수　　가분수

● ☐ 안에 진분수는 '진', 가분수는 '가', 대분수는 '대'라고 써넣으세요.

1 $\dfrac{9}{5}$ ➡ ☐

2 $\dfrac{2}{7}$ ➡ ☐

3 $1\dfrac{5}{6}$ ➡ ☐

4 $\dfrac{8}{9}$ ➡ ☐

5 $\dfrac{9}{8}$ ➡ ☐

6 $2\dfrac{4}{7}$ ➡ ☐

7 $3\dfrac{1}{12}$ ➡ ☐

8 $\dfrac{6}{6}$ ➡ ☐

9 $\dfrac{6}{8}$ ➡ ☐

10 $2\dfrac{3}{5}$ ➡ ☐

11 $\dfrac{1}{6}$ ➡ ☐

12 $\dfrac{11}{9}$ ➡ ☐

● 알맞은 칸을 색칠하고 □ 안에 색칠된 모양이 나타내는 수를 써넣으세요.

13 

$\frac{5}{5}$	$\frac{5}{8}$	$\frac{7}{10}$	$\frac{3}{4}$	$1\frac{2}{3}$
$\frac{7}{6}$	$7\frac{2}{3}$	$\frac{5}{3}$	$\frac{2}{6}$	$5\frac{1}{2}$
$\frac{5}{2}$	$\frac{3}{6}$	$\frac{1}{2}$	$\frac{1}{3}$	$\frac{7}{5}$
$3\frac{2}{5}$	$1\frac{1}{10}$	$5\frac{2}{6}$	$\frac{6}{7}$	$7\frac{2}{8}$
$\frac{20}{9}$	$\frac{2}{7}$	$\frac{10}{11}$	$\frac{5}{9}$	$2\frac{1}{3}$

➡ □

14 

$\frac{1}{9}$	$\frac{5}{2}$	$\frac{3}{3}$	$\frac{10}{6}$	$1\frac{6}{8}$
$3\frac{1}{2}$	$\frac{20}{7}$	$5\frac{5}{6}$	$\frac{5}{7}$	$6\frac{4}{5}$
$\frac{3}{4}$	$\frac{9}{5}$	$\frac{8}{8}$	$\frac{7}{4}$	$7\frac{2}{3}$
$\frac{3}{8}$	$6\frac{1}{2}$	$\frac{10}{12}$	$\frac{9}{3}$	$10\frac{12}{13}$
$\frac{11}{15}$	$\frac{50}{9}$	$\frac{44}{7}$	$\frac{11}{2}$	$1\frac{1}{9}$

➡ □

15 

$\frac{2}{3}$	$3\frac{2}{3}$	$4\frac{1}{8}$	$7\frac{3}{5}$	$1\frac{1}{2}$
$\frac{12}{5}$	$1\frac{3}{8}$	$\frac{3}{7}$	$6\frac{3}{7}$	$\frac{5}{7}$
$\frac{5}{9}$	$4\frac{1}{3}$	$\frac{1}{8}$	$2\frac{9}{10}$	$\frac{5}{8}$
$\frac{15}{6}$	$3\frac{2}{7}$	$\frac{10}{7}$	$5\frac{4}{6}$	$\frac{3}{11}$
$\frac{2}{7}$	$2\frac{2}{9}$	$4\frac{5}{8}$	$2\frac{2}{5}$	$\frac{12}{7}$

➡ □

✤ $2\dfrac{1}{4}$을 가분수로 나타내기

(자연수)×(분모)+(분자)

$$2\dfrac{1}{4} = \dfrac{2\times4+1}{4} = \dfrac{9}{4}$$

분모는 그대로!

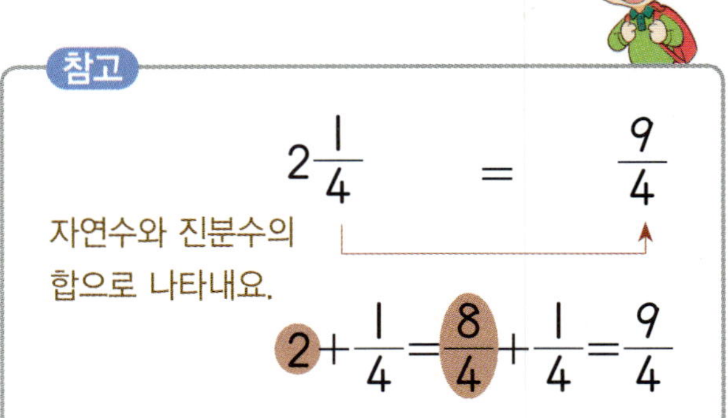

참고

$$2\dfrac{1}{4} \quad = \quad \dfrac{9}{4}$$

자연수와 진분수의 합으로 나타내요.

$$2+\dfrac{1}{4} = \dfrac{8}{4}+\dfrac{1}{4} = \dfrac{9}{4}$$

● 대분수를 가분수로 나타내 보세요.

1 $1\dfrac{1}{3}$
$$\dfrac{1\times3+1}{3}$$

2 $3\dfrac{1}{2}$
$$\dfrac{3\times2+1}{2}$$

3 $2\dfrac{2}{5}$
$$\dfrac{2\times5+2}{5}$$

4 $1\dfrac{4}{7}$

5 $4\dfrac{2}{3}$

6 $2\dfrac{3}{4}$

7 $3\dfrac{2}{6}$

8 $2\dfrac{5}{8}$

9 $4\dfrac{4}{5}$

10 $6\dfrac{1}{2}$

11 $7\dfrac{2}{3}$

12 $8\dfrac{1}{4}$

● 사파리 지도의 각 위치에 쓰여진 대분수를 가분수로 나타내어야 길을 통과할 수 있습니다. 대분수를 가분수로 나타내 보세요.

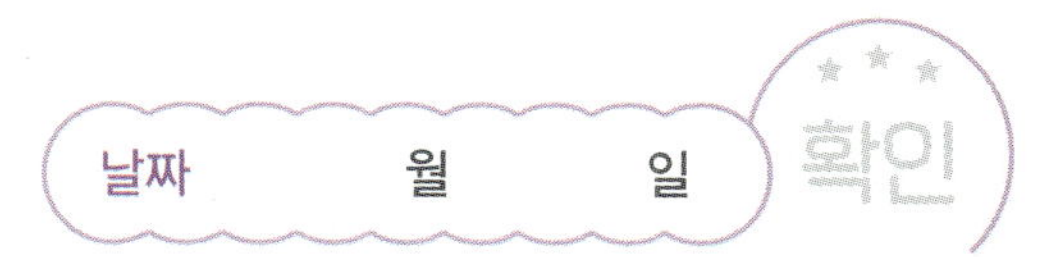

03 가분수를 대분수로 나타내기

✛ $\dfrac{7}{3}$을 대분수로 나타내기

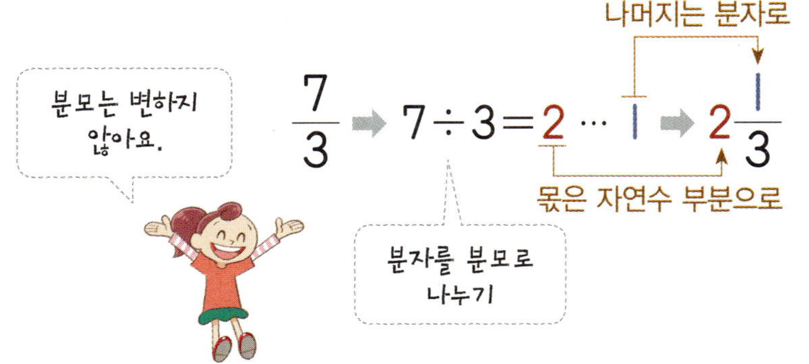

● 가분수를 대분수로 나타내 보세요.

1 $\dfrac{9}{4}$

$9 \div 4 = 2 \cdots 1$

2 $\dfrac{7}{2}$

3 $\dfrac{8}{5}$

4 $\dfrac{16}{3}$

5 $\dfrac{28}{6}$

$28 \div 6 = 4 \cdots 4$

6 $\dfrac{30}{4}$

7 $\dfrac{33}{5}$

8 $\dfrac{20}{7}$

9 $\dfrac{17}{2}$

10 $\dfrac{46}{8}$

11 $\dfrac{25}{3}$

12 $\dfrac{50}{9}$

● 가분수를 대분수로 나타내 보세요.

13 $\dfrac{15}{4}$ ➡

14 $\dfrac{25}{3}$ ➡

15 $\dfrac{9}{2}$ ➡

16 $\dfrac{13}{5}$ ➡

17 $\dfrac{23}{3}$ ➡

18 $\dfrac{40}{6}$ ➡

19 $\dfrac{19}{7}$ ➡

20 $\dfrac{60}{8}$ ➡

04 두 분수의 크기 비교

✦ $3\dfrac{1}{2}$과 $\dfrac{5}{2}$의 크기 비교

$3\dfrac{1}{2} = \dfrac{7}{2}$이므로

$\dfrac{7}{2} > \dfrac{5}{2}$ ➡ $3\dfrac{1}{2} > \dfrac{5}{2}$입니다.

$\dfrac{5}{2} = 2\dfrac{1}{2}$이므로

$3\dfrac{1}{2} > 2\dfrac{1}{2}$ ➡ $3\dfrac{1}{2} > \dfrac{5}{2}$입니다.

● 두 분수의 크기를 비교하여 ◯ 안에 >, =, < 중 알맞은 것을 써넣으세요.

1 $\dfrac{8}{3}$ ◯ $2\dfrac{2}{3}$

2 $2\dfrac{1}{2}$ ◯ $\dfrac{9}{2}$

3 $1\dfrac{4}{7}$ ◯ $\dfrac{10}{7}$

4 $\dfrac{20}{8}$ ◯ $2\dfrac{5}{8}$

5 $\dfrac{32}{15}$ ◯ $1\dfrac{14}{15}$

6 $3\dfrac{1}{6}$ ◯ $\dfrac{19}{6}$

7 $\dfrac{33}{9}$ ◯ $3\dfrac{8}{9}$

8 $5\dfrac{2}{5}$ ◯ $\dfrac{31}{5}$

9 $\dfrac{10}{4}$ ◯ $2\dfrac{1}{4}$

10 $4\dfrac{4}{10}$ ◯ $\dfrac{41}{10}$

11 더 큰 수가 적힌 방향으로 가면 현준이의 장래 희망을 알 수 있다고 합니다. 현준이의 장래 희망에 ○표 하세요.

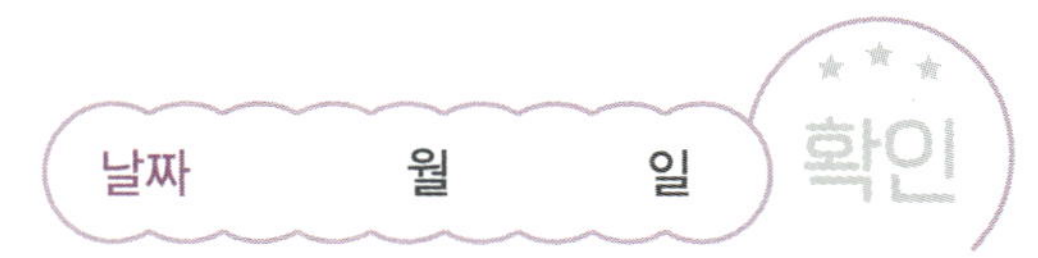

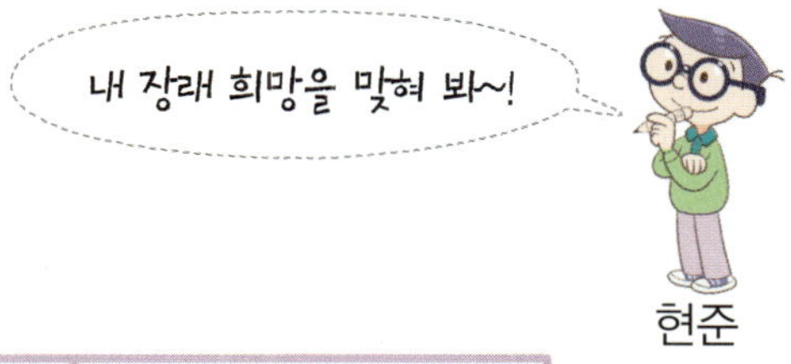

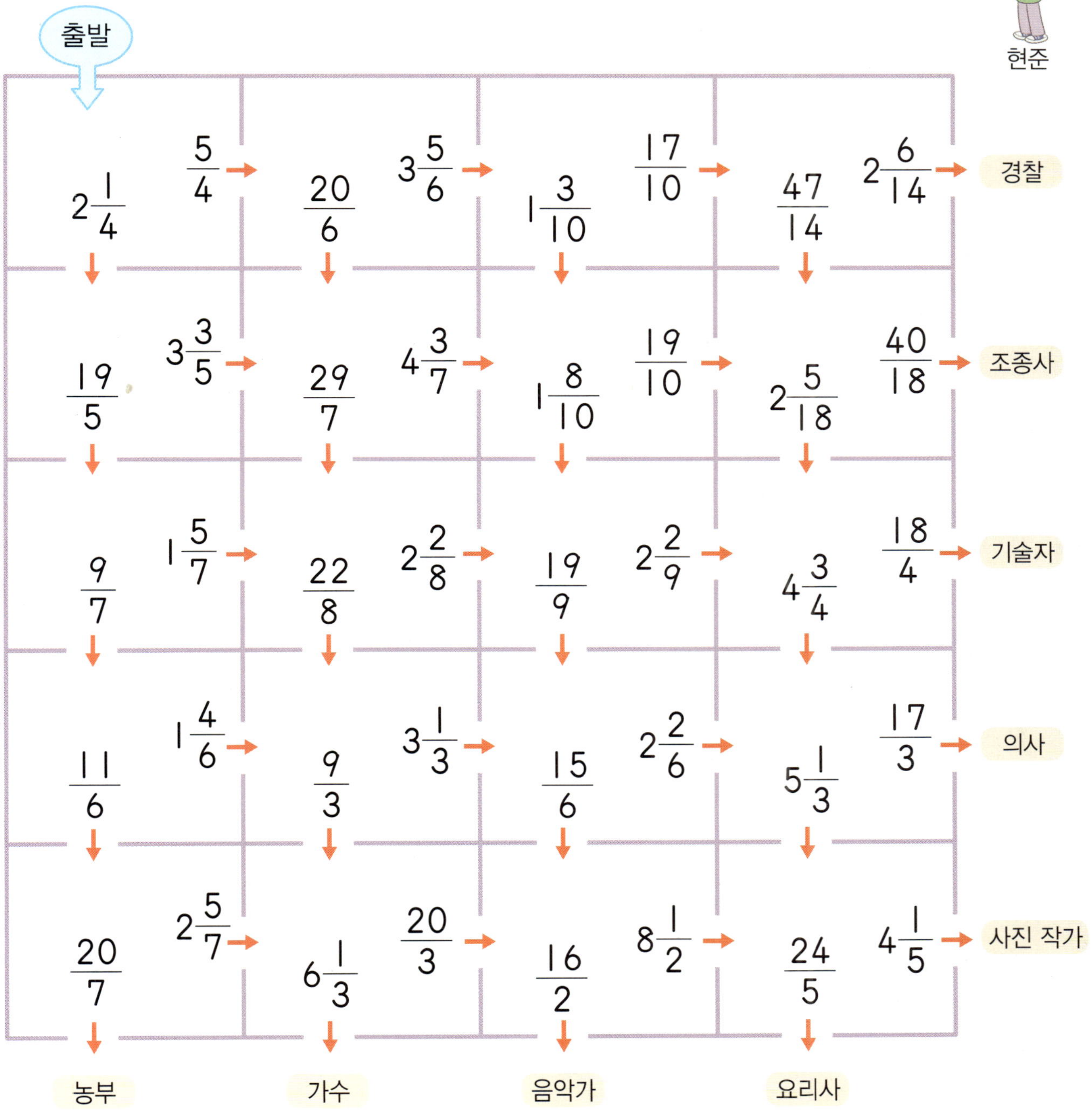

출발

					경찰
$2\frac{1}{4}$	$\frac{5}{4}$	$\frac{20}{6}$	$3\frac{5}{6}$ $1\frac{3}{10}$	$\frac{17}{10}$ $\frac{47}{14}$	$2\frac{6}{14}$
$\frac{19}{5}$	$3\frac{3}{5}$	$\frac{29}{7}$	$4\frac{3}{7}$ $1\frac{8}{10}$	$\frac{19}{10}$ $2\frac{5}{18}$	$\frac{40}{18}$ 조종사
$\frac{9}{7}$	$1\frac{5}{7}$	$\frac{22}{8}$	$2\frac{2}{8}$ $\frac{19}{9}$	$2\frac{2}{9}$ $4\frac{3}{4}$	$\frac{18}{4}$ 기술자
$\frac{11}{6}$	$1\frac{4}{6}$	$\frac{9}{3}$	$3\frac{1}{3}$ $\frac{15}{6}$	$2\frac{2}{6}$ $5\frac{1}{3}$	$\frac{17}{3}$ 의사
$\frac{20}{7}$	$2\frac{5}{7}$	$6\frac{1}{3}$	$\frac{20}{3}$ $\frac{16}{2}$	$8\frac{1}{2}$ $\frac{24}{5}$	$4\frac{1}{5}$ 사진 작가
농부	가수		음악가	요리사	

05 (진분수)＋(진분수)

✤ $\dfrac{4}{5} + \dfrac{3}{5}$의 계산

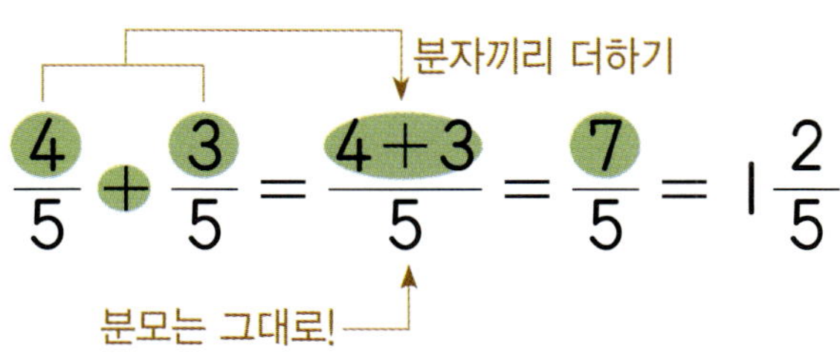

참고

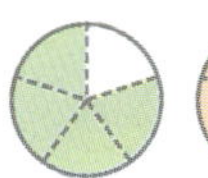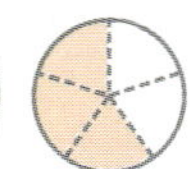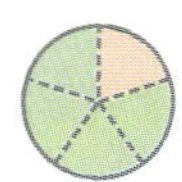

$\dfrac{4}{5} + \dfrac{3}{5}$은 $\dfrac{1}{5}$이 7개이므로 $\dfrac{7}{5}\left(=1\dfrac{2}{5}\right)$입니다.

● 계산해 보세요.

1 $\dfrac{1}{4} + \dfrac{2}{4} = \dfrac{\square}{4}$

2 $\dfrac{3}{8} + \dfrac{4}{8} = \dfrac{\square}{8}$

3 $\dfrac{4}{9} + \dfrac{2}{9}$

4 $\dfrac{9}{22} + \dfrac{8}{22}$

5 $\dfrac{7}{11} + \dfrac{2}{11}$

6 $\dfrac{15}{33} + \dfrac{17}{33}$

7 $\dfrac{9}{15} + \dfrac{11}{15}$

8 $\dfrac{20}{27} + \dfrac{8}{27}$

9 $\dfrac{10}{19} + \dfrac{15}{19}$

10 $\dfrac{23}{45} + \dfrac{24}{45}$

● 계산해 보세요.

11 $\dfrac{8}{13} + \dfrac{2}{13}$

12 $\dfrac{5}{12} + \dfrac{4}{12}$

13 $\dfrac{10}{18} + \dfrac{6}{18}$

14 $\dfrac{11}{20} + \dfrac{8}{20}$

15 $\dfrac{3}{9} + \dfrac{3}{9}$

16 $\dfrac{7}{12} + \dfrac{1}{12}$

17 $\dfrac{11}{24} + \dfrac{17}{24}$

18 $\dfrac{10}{18} + \dfrac{17}{18}$

19 $\dfrac{4}{9} + \dfrac{7}{9}$

20 $\dfrac{3}{15} + \dfrac{8}{15}$

21 $\dfrac{15}{20} + \dfrac{12}{20}$

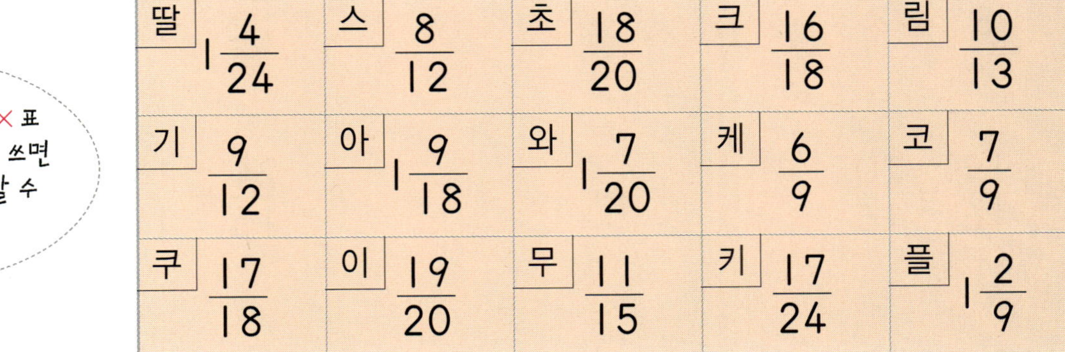

딸 $1\dfrac{4}{24}$	스 $\dfrac{8}{12}$	초 $\dfrac{18}{20}$	크 $\dfrac{16}{18}$	림 $\dfrac{10}{13}$
기 $\dfrac{9}{12}$	아 $1\dfrac{9}{18}$	와 $1\dfrac{7}{20}$	케 $\dfrac{6}{9}$	코 $\dfrac{7}{9}$
쿠 $\dfrac{17}{18}$	이 $\dfrac{19}{20}$	무 $\dfrac{11}{15}$	키 $\dfrac{17}{24}$	플 $1\dfrac{2}{9}$

06 (가분수)＋(가분수)

✛ $\dfrac{9}{8}+\dfrac{11}{8}$ 의 계산

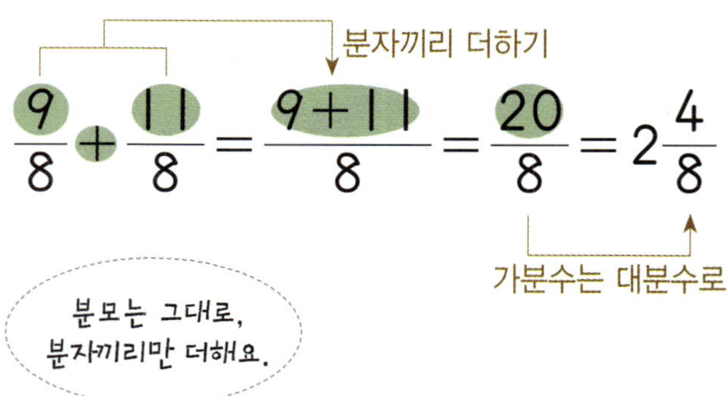

분자끼리 더하기

$$\dfrac{9}{8}+\dfrac{11}{8}=\dfrac{9+11}{8}=\dfrac{20}{8}=2\dfrac{4}{8}$$

가분수는 대분수로

● 계산해 보세요.

1 $\dfrac{7}{3}+\dfrac{10}{3}=\boxed{}\dfrac{\boxed{}}{\boxed{}}$

$\dfrac{7+10}{3}$

2 $\dfrac{8}{5}+\dfrac{6}{5}=\boxed{}\dfrac{\boxed{}}{\boxed{}}$

3 $\dfrac{10}{9}+\dfrac{10}{9}$

4 $\dfrac{16}{7}+\dfrac{9}{7}$

5 $\dfrac{17}{8}+\dfrac{29}{8}$

6 $\dfrac{22}{12}+\dfrac{17}{12}$

7 $\dfrac{19}{16}+\dfrac{20}{16}$

8 $\dfrac{24}{15}+\dfrac{17}{15}$

9 $\dfrac{22}{21}+\dfrac{23}{21}$

10 $\dfrac{28}{28}+\dfrac{30}{28}$

● 테이프 길이의 합을 구하세요.

11 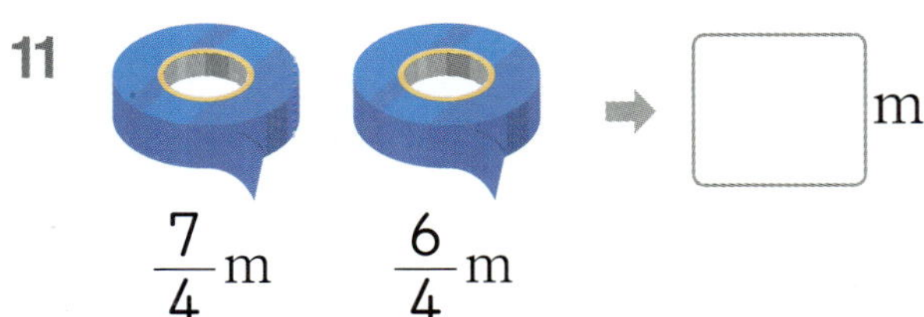 $\dfrac{7}{4}$ m $\dfrac{6}{4}$ m ➡ ☐ m

12 $\dfrac{8}{3}$ m $\dfrac{9}{3}$ m ➡ ☐ m

13 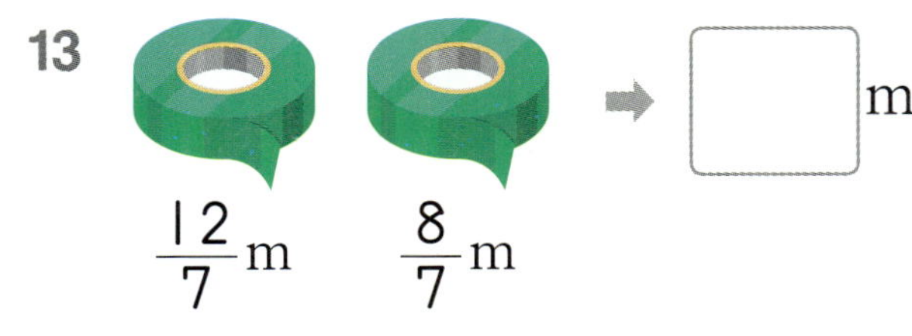 $\dfrac{12}{7}$ m $\dfrac{8}{7}$ m ➡ ☐ m

14 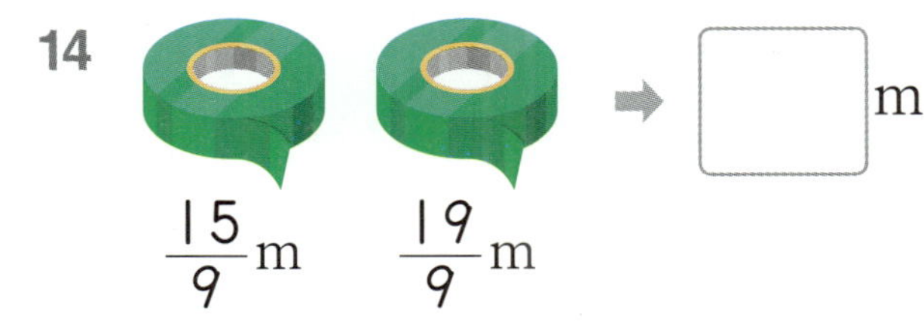 $\dfrac{15}{9}$ m $\dfrac{19}{9}$ m ➡ ☐ m

15 $\dfrac{13}{6}$ m $\dfrac{9}{6}$ m ➡ ☐ m

16 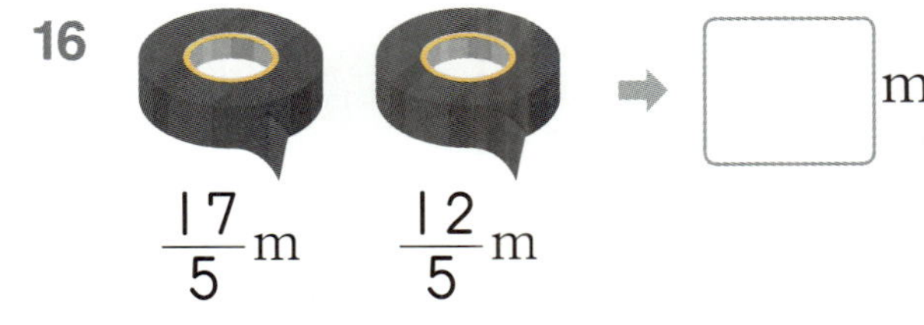 $\dfrac{17}{5}$ m $\dfrac{12}{5}$ m ➡ ☐ m

17 $\dfrac{9}{8}$ m $\dfrac{9}{8}$ m ➡ ☐ m

18 $\dfrac{16}{10}$ m $\dfrac{13}{10}$ m ➡ ☐ m

19 $\dfrac{9}{4}$ m $\dfrac{5}{4}$ m ➡ ☐ m

20 $\dfrac{6}{5}$ m $\dfrac{13}{5}$ m ➡ ☐ m

07 (진분수)−(진분수)

✜ $\dfrac{4}{5} - \dfrac{2}{5}$의 계산

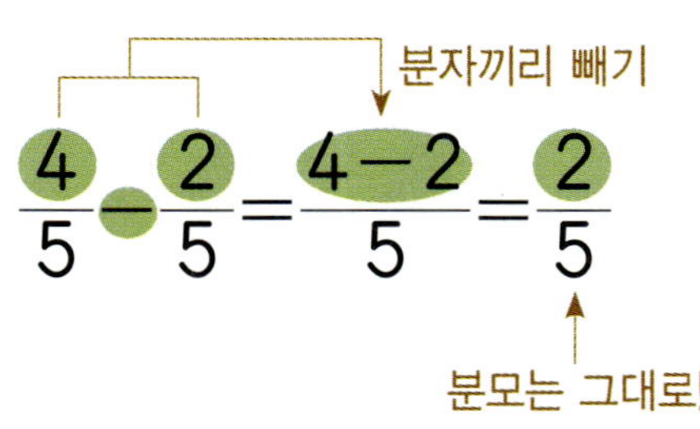

● 계산해 보세요.

1 $\dfrac{2}{3} - \dfrac{1}{3} = \dfrac{\square}{\square}$

2 $\dfrac{9}{10} - \dfrac{4}{10} = \dfrac{\square}{\square}$

3 $\dfrac{3}{4} - \dfrac{2}{4}$

4 $\dfrac{5}{6} - \dfrac{2}{6}$

5 $\dfrac{6}{9} - \dfrac{2}{9}$

6 $\dfrac{4}{7} - \dfrac{2}{7}$

7 $\dfrac{2}{8} - \dfrac{1}{8}$

8 $\dfrac{10}{15} - \dfrac{8}{15}$

9 $\dfrac{17}{22} - \dfrac{9}{22}$

10 $\dfrac{31}{36} - \dfrac{18}{36}$

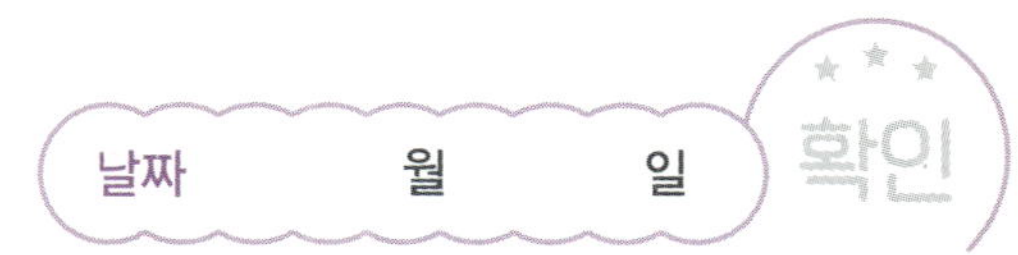

● **계산해 보세요.**

11

십 
$\dfrac{7}{8} - \dfrac{2}{8}$

구 
$\dfrac{6}{8} - \dfrac{3}{8}$

오 
$\dfrac{4}{8} - \dfrac{2}{8}$

12

지 
$\dfrac{11}{12} - \dfrac{9}{12}$

목 
$\dfrac{6}{12} - \dfrac{5}{12}$

중 
$\dfrac{10}{12} - \dfrac{3}{12}$

13

팔 $\dfrac{9}{16} - \dfrac{2}{16}$

고 $\dfrac{14}{16} - \dfrac{10}{16}$

일 $\dfrac{7}{16} - \dfrac{2}{16}$

14

구 
$\dfrac{12}{20} - \dfrac{3}{20}$

관 $\dfrac{15}{20} - \dfrac{10}{20}$

천 
$\dfrac{17}{20} - \dfrac{11}{20}$

11	12	13	14

08 (가분수)−(진분수)

✢ $\dfrac{17}{12}-\dfrac{9}{12}$의 계산

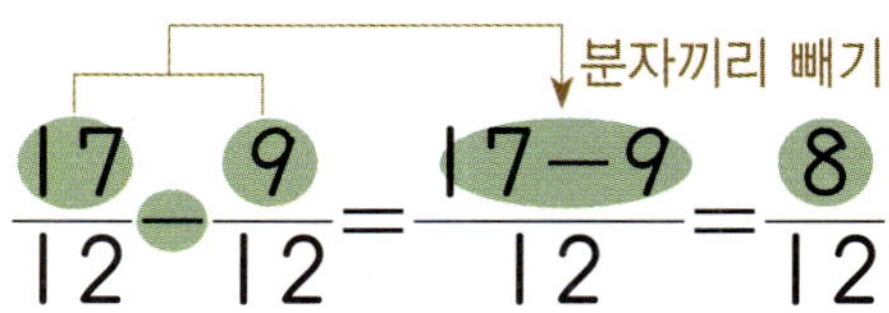

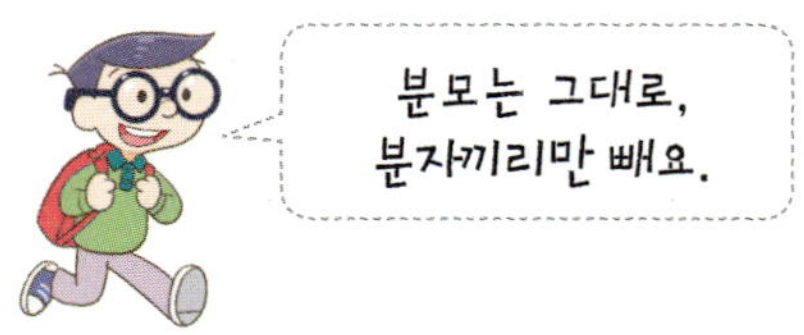

● 계산해 보세요.

1   $\dfrac{7}{5}-\dfrac{4}{5}=\dfrac{\square}{\square}$

2   $\dfrac{9}{6}-\dfrac{5}{6}=\dfrac{\square}{\square}$

3   $\dfrac{6}{4}-\dfrac{3}{4}$

4   $\dfrac{10}{8}-\dfrac{3}{8}$

5   $\dfrac{15}{11}-\dfrac{9}{11}$

6   $\dfrac{12}{9}-\dfrac{8}{9}$

7   $\dfrac{20}{13}-\dfrac{11}{13}$

8   $\dfrac{24}{17}-\dfrac{14}{17}$

9   $\dfrac{27}{23}-\dfrac{15}{23}$

10   $\dfrac{30}{26}-\dfrac{19}{26}$

● 어느 동물원의 동물 한 마리가 하루 동안 먹는 먹이의 양을 나타낸 그래프입니다. 두 동물이 하루 동안 먹는 먹이의 차는 몇 kg인지 구하세요.

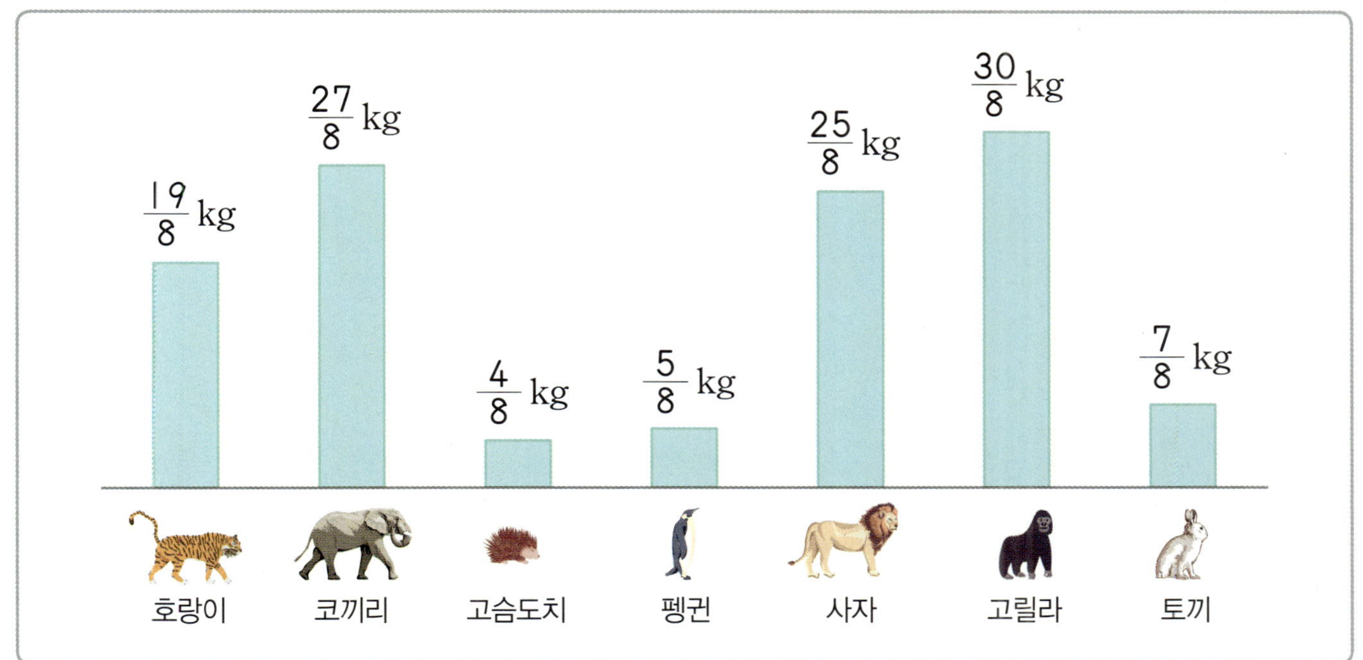

11 　 $-$ 　 $=$ ☐ kg
　　　$\rightarrow \dfrac{27}{8} - \dfrac{4}{8}$

12 　 $-$ 　 $=$ ☐ kg

13 　 $-$ 　 $=$ ☐ kg

14 　 $-$ 　 $=$ ☐ kg

15 　 $-$ 　 $=$ ☐ kg

16 　 $-$ 　 $=$ ☐ kg

17 　 $-$ 　 $=$ ☐ kg

18 　 $-$ 　 $=$ ☐ kg

● 계산해 보세요.

1

+	$\dfrac{1}{6}$	$\dfrac{3}{6}$	$\dfrac{5}{6}$
$\dfrac{2}{6}$	$\dfrac{3}{6}$		

$\rightarrow \dfrac{2}{6} + \dfrac{1}{6}$

2

+	$\dfrac{2}{8}$	$\dfrac{6}{8}$	$\dfrac{4}{8}$
$\dfrac{3}{8}$			

3

+	$\dfrac{5}{10}$	$\dfrac{3}{10}$	$\dfrac{7}{10}$
$\dfrac{4}{10}$			

4

+	$\dfrac{3}{15}$	$\dfrac{10}{15}$	$\dfrac{5}{15}$
$\dfrac{9}{15}$			

5

+	$\dfrac{9}{5}$	$\dfrac{8}{5}$	$\dfrac{12}{5}$
$\dfrac{7}{5}$			

6

+	$\dfrac{10}{7}$	$\dfrac{13}{7}$	$\dfrac{8}{7}$
$\dfrac{9}{7}$			

7

+	$\dfrac{11}{12}$	$\dfrac{20}{12}$	$\dfrac{16}{12}$
$\dfrac{15}{12}$			

8

+	$\dfrac{26}{16}$	$\dfrac{17}{16}$	$\dfrac{41}{16}$
$\dfrac{19}{16}$			

● 두 분수의 차를 구하여 위의 칸에 알맞게 써넣으세요.

9

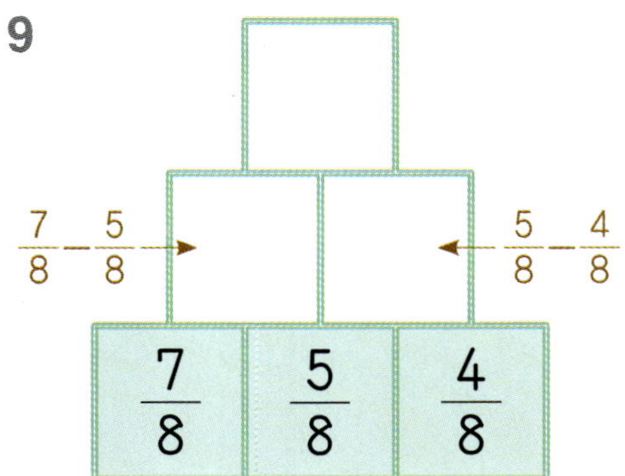

10

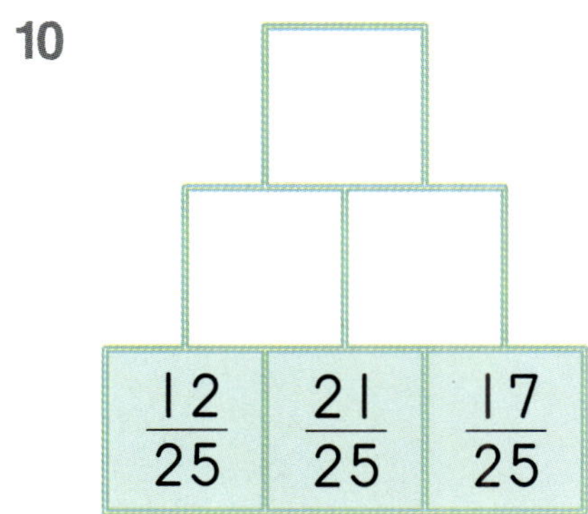

11

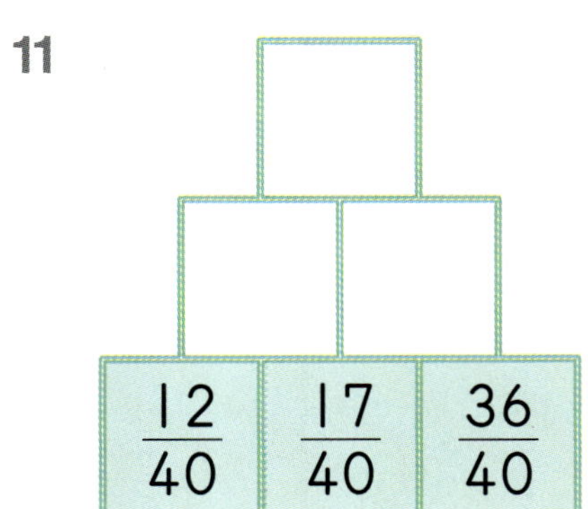

12

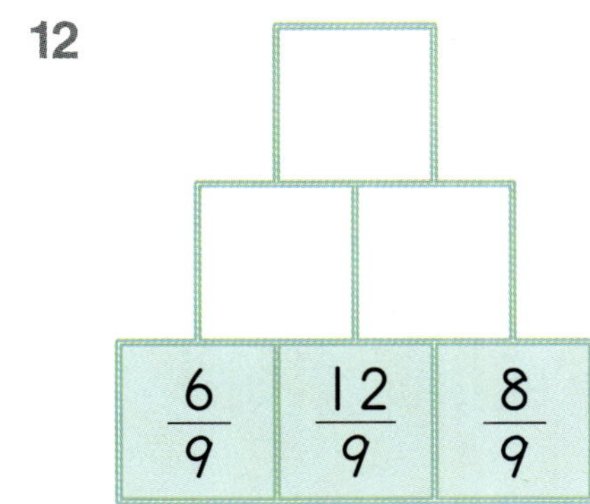

13

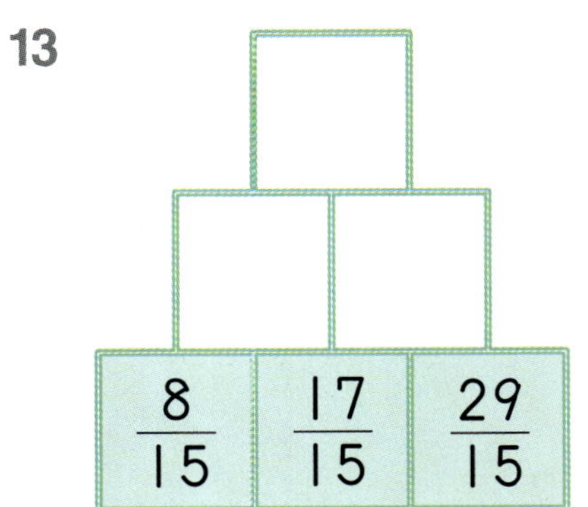

14

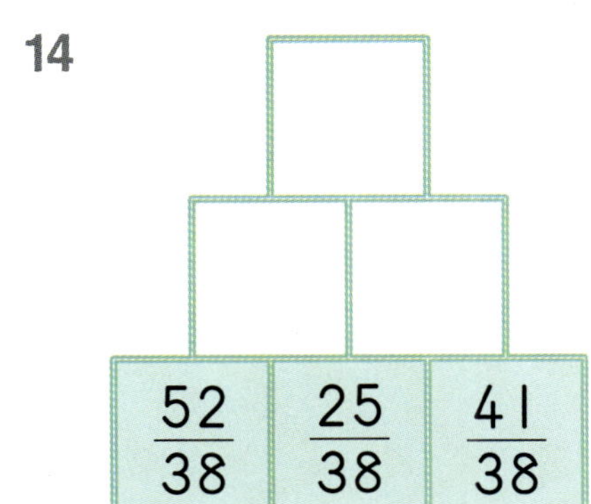

● 가분수를 대분수로, 대분수를 가분수로 나타내 보세요.

1 $\dfrac{9}{5}$

2 $2\dfrac{3}{10}$

3 $\dfrac{7}{4}$

4 $3\dfrac{3}{6}$

5 $\dfrac{20}{7}$

6 $4\dfrac{4}{11}$

7 $\dfrac{25}{3}$

8 $5\dfrac{2}{9}$

9 $\dfrac{37}{8}$

● 두 분수의 크기를 비교하여 ◯ 안에 >, =, < 중 알맞은 것을 써넣으세요.

10 $1\dfrac{3}{8}\,\bigcirc\,\dfrac{10}{8}$

11 $\dfrac{17}{3}\,\bigcirc\,5\dfrac{2}{3}$

12 $1\dfrac{9}{10}\,\bigcirc\,\dfrac{15}{10}$

13 $\dfrac{50}{6}\,\bigcirc\,9\dfrac{1}{6}$

14 $7\dfrac{3}{5}\,\bigcirc\,\dfrac{35}{5}$

15 $2\dfrac{1}{4}\,\bigcirc\,\dfrac{10}{4}$

16 $3\dfrac{4}{12}\,\bigcirc\,\dfrac{40}{12}$

17 $\dfrac{49}{9}\,\bigcirc\,5\dfrac{5}{9}$

18 $7\dfrac{2}{7}\,\bigcirc\,\dfrac{50}{7}$

● **계산해 보세요.**

19 $\dfrac{4}{16}+\dfrac{11}{16}$

$\dfrac{15}{21}+\dfrac{4}{21}$

20 $\dfrac{7}{10}-\dfrac{4}{10}$

$\dfrac{10}{13}-\dfrac{4}{13}$

21 $\dfrac{6}{40}+\dfrac{22}{40}$

$\dfrac{17}{31}+\dfrac{6}{31}$

22 $\dfrac{23}{24}-\dfrac{12}{24}$

$\dfrac{15}{11}-\dfrac{5}{11}$

23 $\dfrac{24}{50}+\dfrac{11}{50}$

$\dfrac{3}{10}+\dfrac{16}{10}$

24 $\dfrac{38}{20}-\dfrac{19}{20}$

$\dfrac{72}{46}-\dfrac{35}{46}$

25 $\dfrac{27}{24}+\dfrac{30}{24}$

$\dfrac{5}{18}+\dfrac{20}{18}$

26 $\dfrac{28}{15}-\dfrac{7}{15}$

$\dfrac{40}{39}-\dfrac{35}{39}$

27 $\dfrac{6}{20}+\dfrac{4}{20}$

$\dfrac{30}{25}+\dfrac{55}{25}$

28 $\dfrac{60}{25}-\dfrac{32}{25}$

$\dfrac{94}{48}-\dfrac{39}{48}$

들이의 합과 차

와~!
잘 먹었다.
나도 배부르게
먹었어.

음~ 그런데 목이
좀 마르네~.

분명 여기
물이….
뒤적
뒤적

으악! 깜빡 잊고
물을 안 가져왔어.
텅
텅

어떻게….
목이 너무 말라!
진정해.
내가 도와줄게.

요정이 똑똑한 건 알지만
이건 계산이 아니라고
너도 해결할 수 없는
문제야.
윽!!
에휴

훗! 그렇게 생각해?
그럼 이 오렌지주스는
나 혼자 마실까?
와! 주스다!
BOTTLE

흥! 사과하기 전에는
나눠 주지 않을 거야.
으쓱
으쓱

제… 제발~ 같이 먹자!
엥? 나눠 줄게. 울지마!

나중에도 마셔야 하니까 한 번에 다 마시면 안 돼. 여기 2 L 500 mL가 들어있어.
으쓱
BOTTLE
으쓱

난 800 mL를 마실 거야.

난 550 mL!

우리가 마시고 나면 주스는 얼마나 남지?
2 L 500 mL에서 800 mL와 550 mL를 빼면 돼.
BOTTLE

1 L=1000 mL이니까 받아내림해야겠네.

세 들이의 차는 앞에서부터 순서대로 계산하면 돼.
2 L 500 mL−800 mL−550 mL
=1 L 700 mL−550 mL
=1 L 150 mL
남은 1 L 150 mL는 우리 다음에 마시자.
BOTTLE

01 mL와 L 사이의 관계

✤ mL와 L 사이의 관계

- | 리터: 만큼을 그릇에 담은 양

- | 밀리리터: 만큼을 그릇에 담은 양

$$| L = |000 \ mL$$

● ☐ 안에 알맞은 수를 써넣으세요.

1 $2 \ L =$ ☐ mL

2 $5000 \ mL =$ ☐ L

3 $3 \ L \ 600 \ mL =$ ☐ mL

   ↳ 3 L + 600 mL
     = 3000 mL + 600 mL

4 $4200 \ mL =$ ☐ L ☐ mL

   ↳ 4000 mL + 200 mL
     = 4 L + 200 mL

5 $4 \ L \ 700 \ mL =$ ☐ mL

6 $3 | 50 \ mL =$ ☐ L ☐ mL

7 $9 \ L \ 200 \ mL =$ ☐ mL

8 $5005 \ mL =$ ☐ L ☐ mL

9 $|0 \ L \ 50 \ mL =$ ☐ mL

10 $3 | 3 | 0 \ mL =$ ☐ L ☐ mL

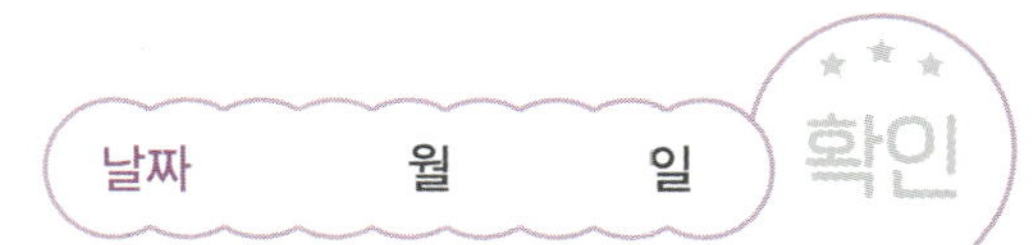

● 선을 따라 내려가 ☐ 안에 알맞은 수를 써넣으세요.

11

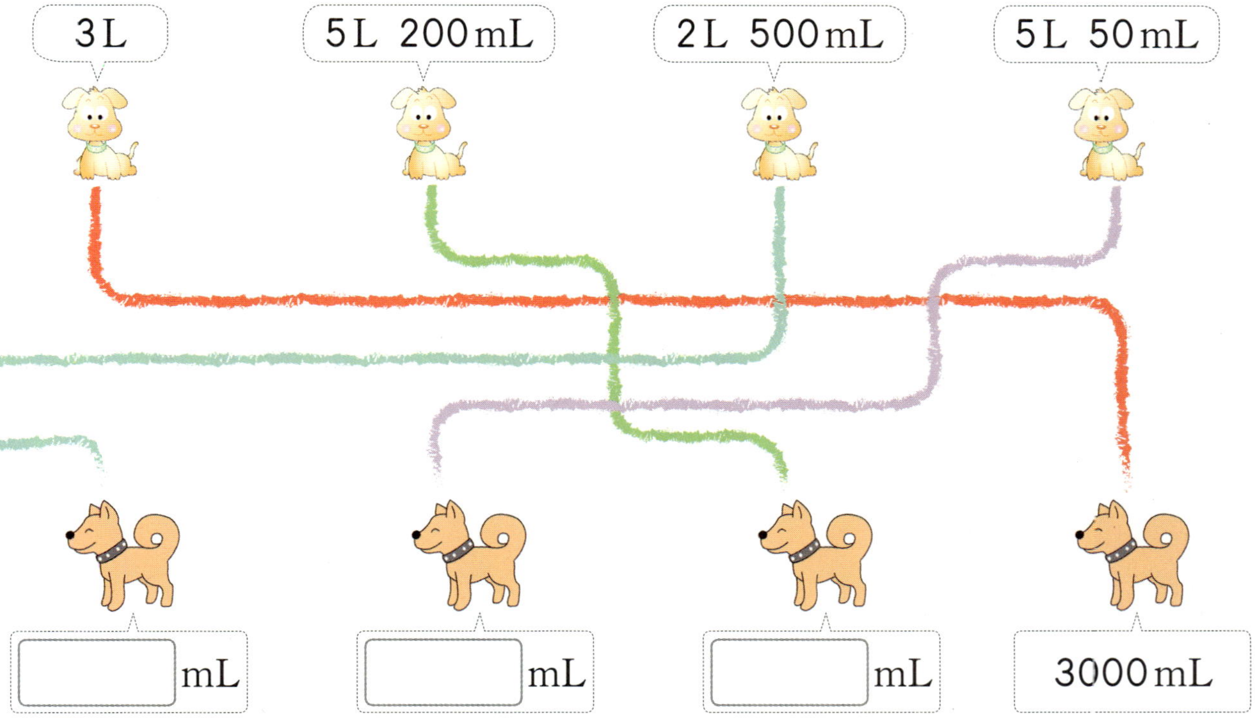

3 L | 5 L 200 mL | 2 L 500 mL | 5 L 50 mL

☐ mL | ☐ mL | ☐ mL | 3000 mL

12

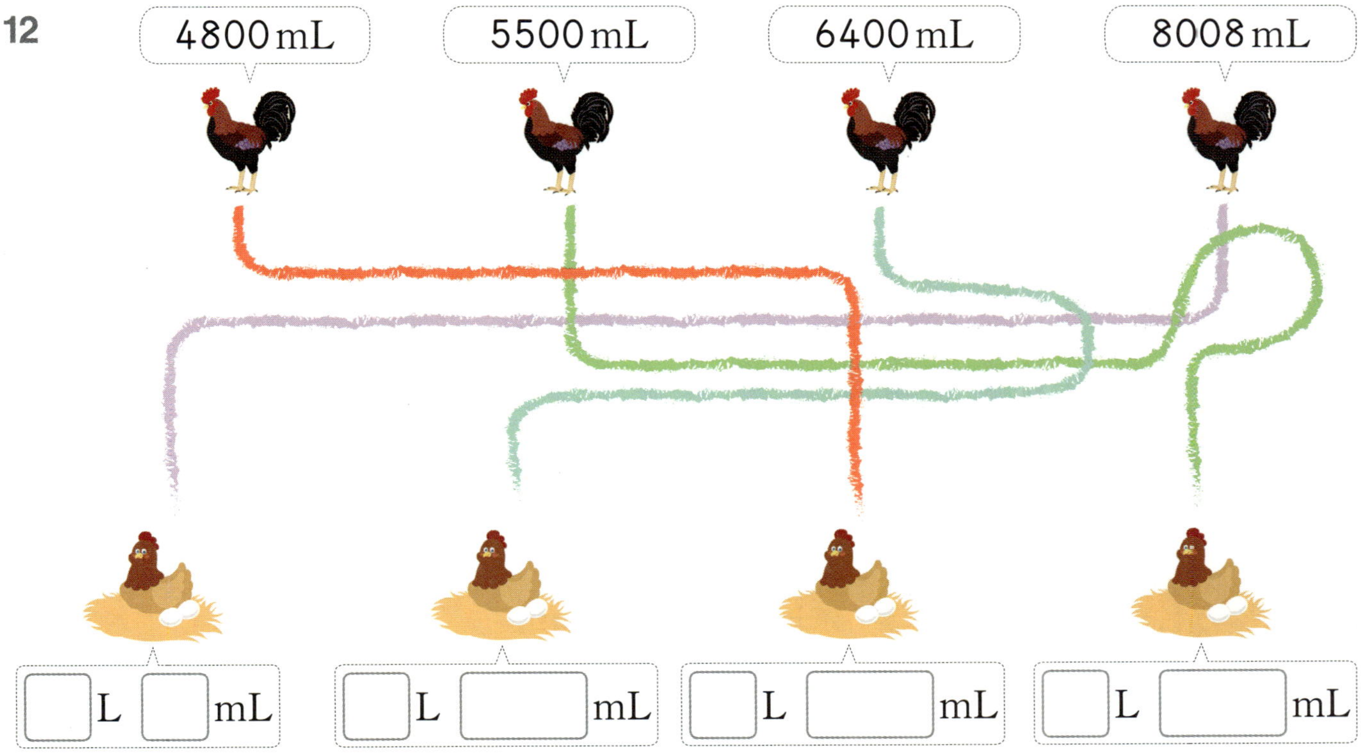

4800 mL | 5500 mL | 6400 mL | 8008 mL

☐ L ☐ mL | ☐ L ☐ mL | ☐ L ☐ mL | ☐ L ☐ mL

02 받아올림이 없는 들이의 합

✚ 1 L 300 mL+2 L 200 mL의 계산

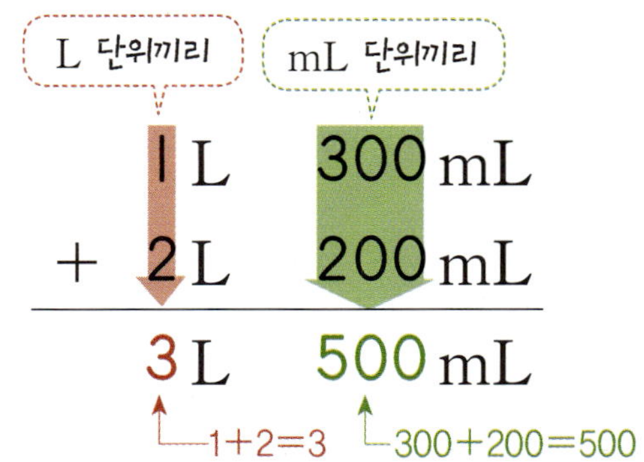

● 계산해 보세요.

1

	L	mL
	1 L	300 mL
+	2 L	100 mL
	L	mL

2

	L	mL
	2 L	200 mL
+	2 L	500 mL
	L	mL

3

	L	mL
	3 L	400 mL
+	1 L	200 mL
	L	mL

4

	L	mL
	2 L	500 mL
+	5 L	300 mL
	L	mL

5

	L	mL
	3 L	100 mL
+	3 L	800 mL
	L	mL

6

	L	mL
	4 L	200 mL
+	2 L	200 mL
	L	mL

7

	L	mL
	11 L	620 mL
+	6 L	340 mL
	L	mL

8

	L	mL
	7 L	230 mL
+		490 mL
	L	mL

9

	L	mL
	5 L	160 mL
+	8 L	580 mL
	L	mL

● 어항의 물은 모두 몇 L 몇 mL인지 구하세요.

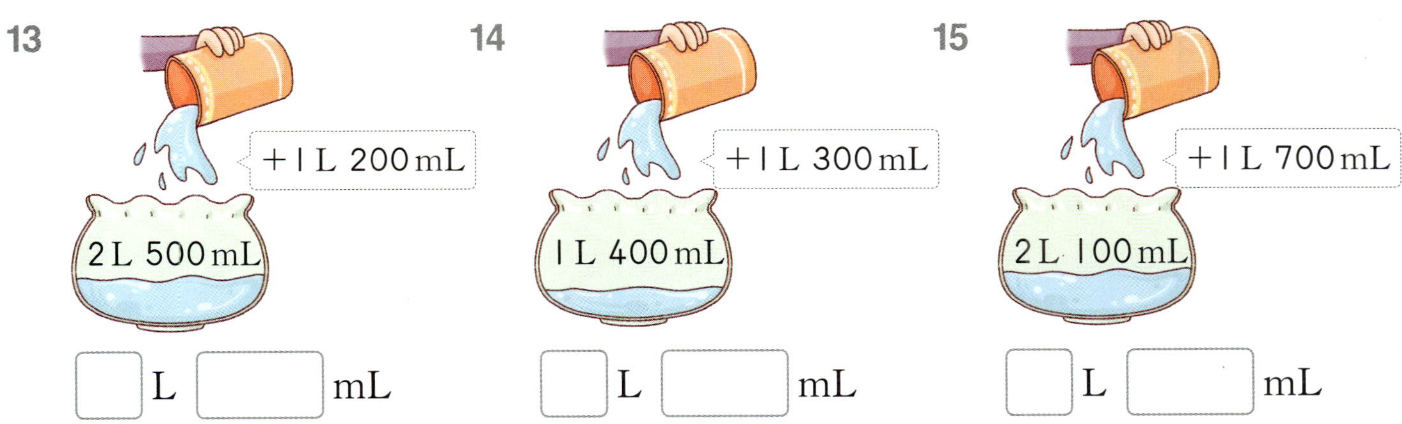

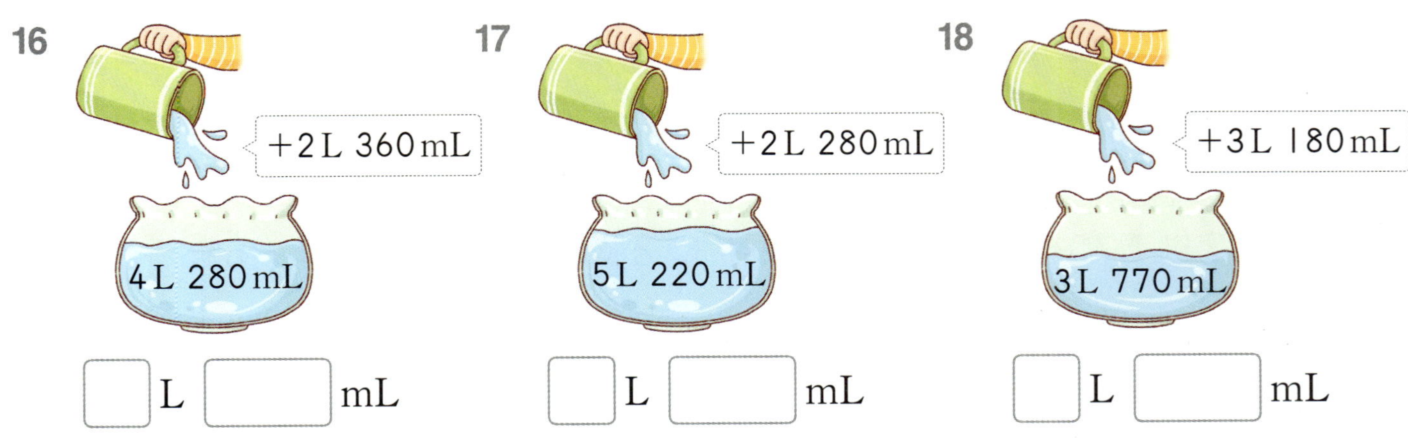

03 받아올림이 있는 들이의 합

✛ 3 L 700 mL+2 L 500 mL의 계산

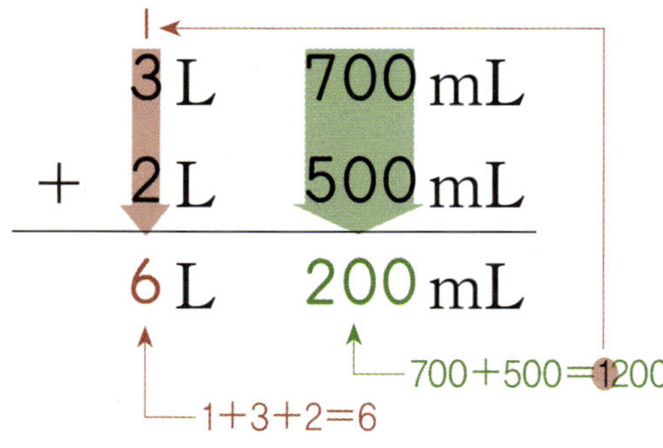

● 계산해 보세요.

1

	L	mL
	2 L	300 mL
+	5 L	800 mL
	L	mL

2

	L	mL
	1 L	400 mL
+	4 L	900 mL
	L	mL

3

	L	mL
	6 L	800 mL
+	1 L	600 mL
	L	mL

4

	L	mL
	5 L	900 mL
+	3 L	700 mL
	L	mL

5

	L	mL
	4 L	700 mL
+	4 L	400 mL
	L	mL

6

	L	mL
	3 L	600 mL
+	8 L	900 mL
	L	mL

7

	L	mL
	7 L	570 mL
+	6 L	970 mL
	L	mL

8

	L	mL
	9 L	860 mL
+		890 mL
	L	mL

9

	L	mL
	5 L	750 mL
+	5 L	680 mL
	L	mL

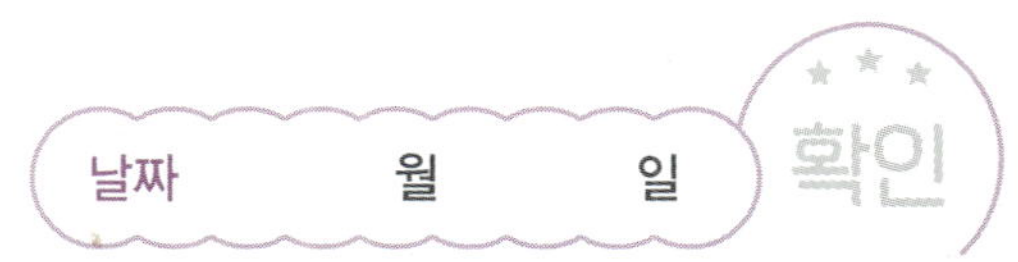

● 들이의 합을 구하세요.

10

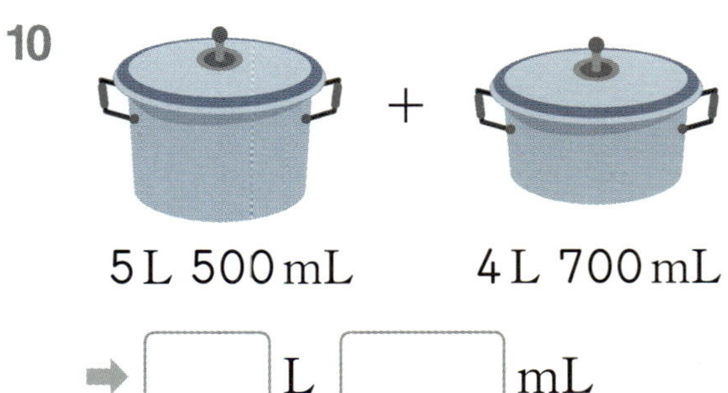

5 L 500 mL   4 L 700 mL

➡ ☐ L ☐ mL

11

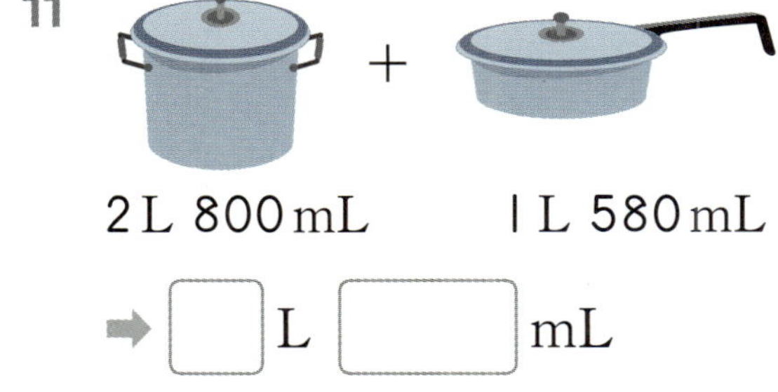

2 L 800 mL   1 L 580 mL

➡ ☐ L ☐ mL

12

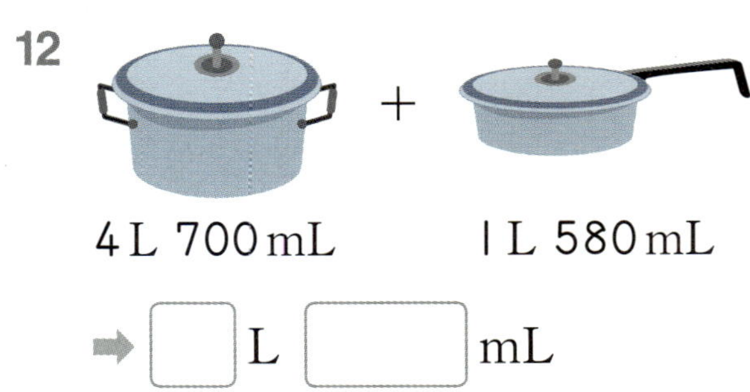

4 L 700 mL   1 L 580 mL

➡ ☐ L ☐ mL

13

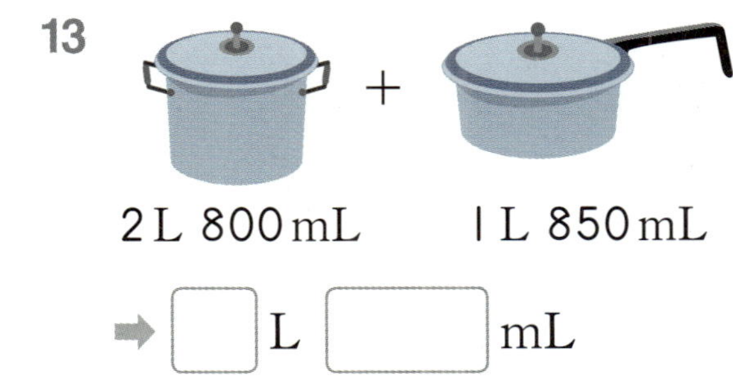

2 L 800 mL   1 L 850 mL

➡ ☐ L ☐ mL

14

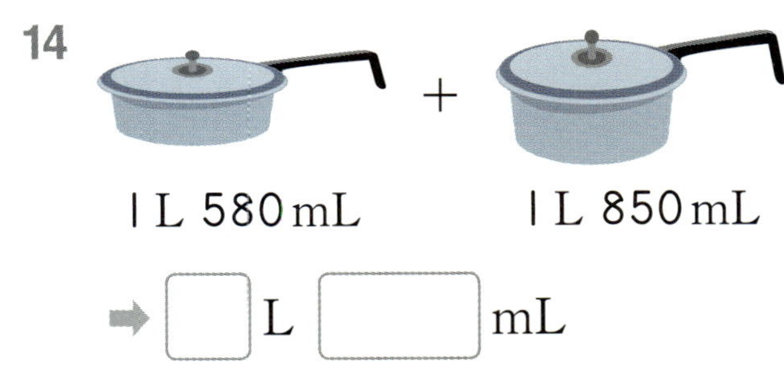

1 L 580 mL   1 L 850 mL

➡ ☐ L ☐ mL

15

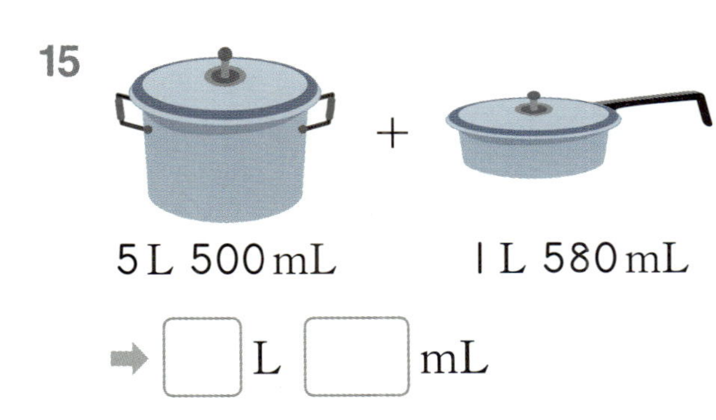

5 L 500 mL   1 L 580 mL

➡ ☐ L ☐ mL

16

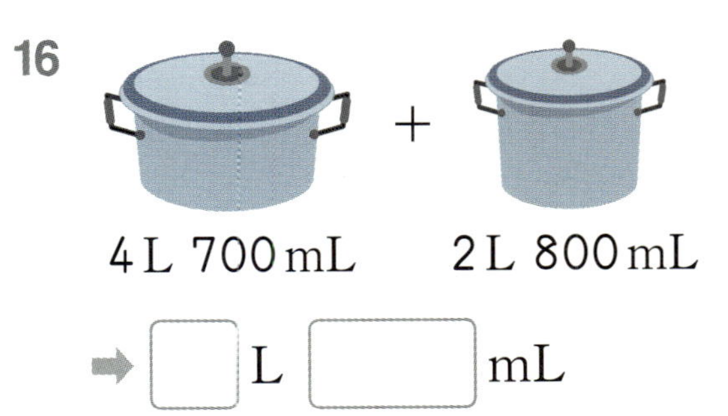

4 L 700 mL   2 L 800 mL

➡ ☐ L ☐ mL

17

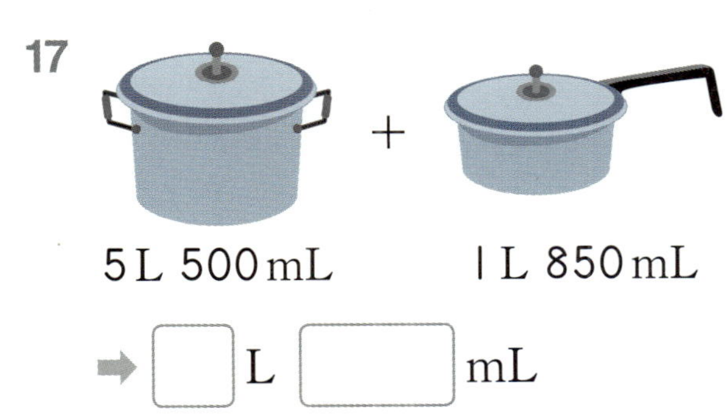

5 L 500 mL   1 L 850 mL

➡ ☐ L ☐ mL

04 받아내림이 없는 들이의 차

✦ 3 L 800 mL − 1 L 600 mL의 계산

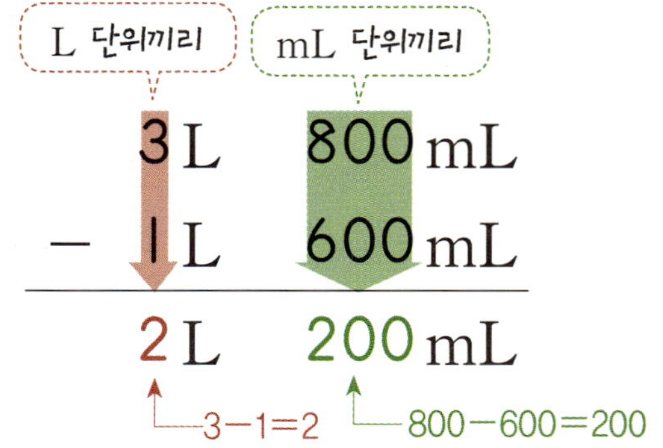

● 계산해 보세요.

1

	L	mL
	2 L	200 mL
−	1 L	100 mL
	L	mL

2

	L	mL
	3 L	600 mL
−	1 L	200 mL
	L	mL

3

	L	mL
	5 L	800 mL
−	2 L	300 mL
	L	mL

4

	L	mL
	4 L	300 mL
−	2 L	100 mL
	L	mL

5

	L	mL
	6 L	700 mL
−	5 L	200 mL
	L	mL

6

	L	mL
	7 L	800 mL
−	4 L	500 mL
	L	mL

7

	L	mL
	10 L	960 mL
−	3 L	230 mL
	L	mL

8

	L	mL
	12 L	820 mL
−		550 mL
	L	mL

9

	L	mL
	18 L	600 mL
−	14 L	450 mL
	L	mL

● 들이의 차를 구하세요.

10 2 L 400 mL   1 L 300 mL

➡ ☐ L ☐ mL

11 4 L 600 mL   3 L 300 mL

➡ ☐ L ☐ mL

12 5 L 700 mL   2 L 200 mL

➡ ☐ L ☐ mL

13 8 L 900 mL   6 L 300 mL

➡ ☐ L ☐ mL

14 7 L 470 mL   2 L 350 mL

➡ ☐ L ☐ mL

15 7 L 520 mL   3 L 360 mL

➡ ☐ L ☐ mL

16 12 L 740 mL   4 L 630 mL

➡ ☐ L ☐ mL

17 16 L 930 mL   8 L 790 mL

➡ ☐ L ☐ mL

05 받아내림이 있는 들이의 차

✦ 3 L 400 mL − 1 L 800 mL의 계산

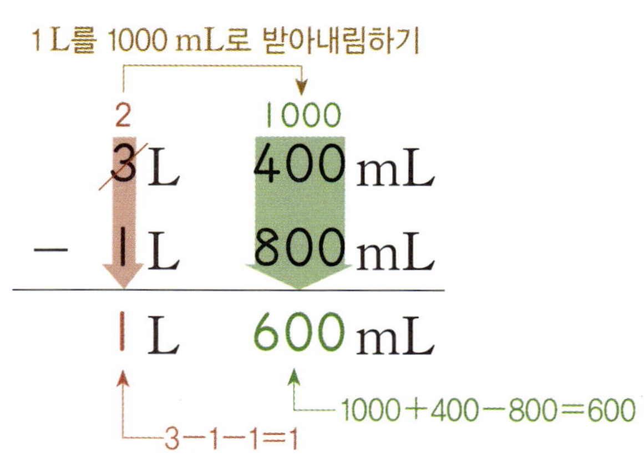

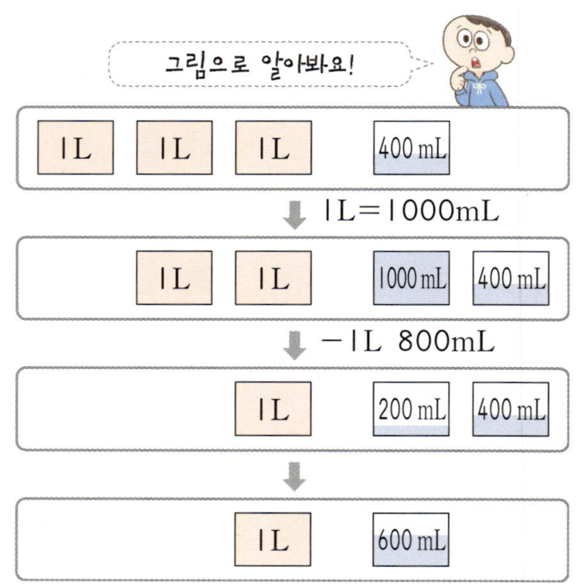

● 계산해 보세요.

1

	L	mL
	4	200
−	1	500
	L	mL

2

	L	mL
	5	300
−	3	800
	L	mL

3

	L	mL
	6	600
−	2	900
	L	mL

4

	L	mL
	7	100
−	3	300
	L	mL

5

	L	mL
	8	200
−	4	770
	L	mL

6

	L	mL
	10	340
−	5	590
	L	mL

7

	L	mL
	16	530
−	7	800
	L	mL

8

	L	mL
	20	170
−		640
	L	mL

9

	L	mL
	12	330
−	2	590
	L	mL

● 각 자동차에 들어 있는 휘발유의 양을 나타낸 표입니다. 다음과 같이 사용하고 남은 휘발유의 양을 구하세요.

〈자동차에 들어 있는 휘발유의 양〉

	8 L 300 mL		3 L 200 mL
	4 L 400 mL		6 L 300 mL
	7 L 500 mL		5 L 240 mL
	9 L 150 mL		6 L 180 mL

10

☐ L ☐ mL

(남은 휘발유의 양)
=8 L 300 mL−2 L 600 mL

11

☐ L ☐ mL

12

☐ L ☐ mL

13

☐ L ☐ mL

14

☐ L ☐ mL

15

☐ L ☐ mL

16

☐ L ☐ mL

17

☐ L ☐ mL

06 세 들이의 합

✢ 1 L 400 mL＋2 L 800 mL＋1 L 600 mL의 계산

L는 L끼리 계산 ➡ 1+2+1=4

1 L 400 mL＋2 L 800 mL＋1 L 600 mL＝4 L 1800 mL

mL는 mL끼리 계산 ➡ 400+800+600=1800

1000 mL는 1 L로 받아올림합니다.

＝5 L 800 mL

● 계산해 보세요.

1 2 L 600 mL＋2 L 500 mL＋1 L 400 mL＝◻ L ◻ mL

2 3 L 500 mL＋1 L 100 mL＋2 L 300 mL＝◻ L ◻ mL

3 1 L 700 mL＋2 L 100 mL＋3 L 600 mL＝◻ L ◻ mL

4 1 L 400 mL＋4 L 500 mL＋3 L 300 mL＝◻ L ◻ mL

5 5 L 700 mL＋550 mL＋4 L 680 mL＝◻ L ◻ mL

6 3 L 860 mL＋2 L 660 mL＋1 L 160 mL＝◻ L ◻ mL

● 세 음료의 들이의 합을 구하세요.

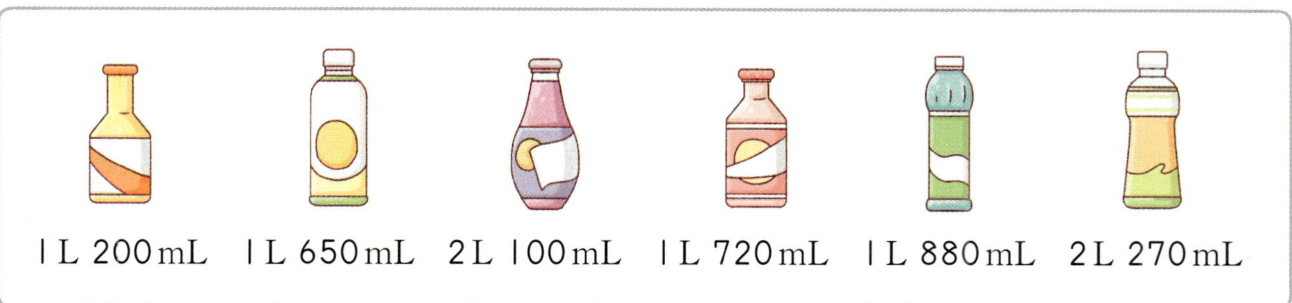

| L 200 mL　　| L 650 mL　　2 L |00 mL　　| L 720 mL　　| L 880 mL　　2 L 270 mL

7

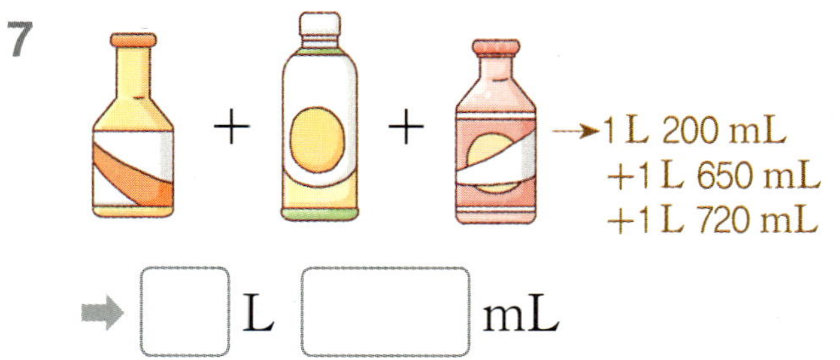

→ 1 L 200 mL
+1 L 650 mL
+1 L 720 mL

➡ ☐ L ☐ mL

8

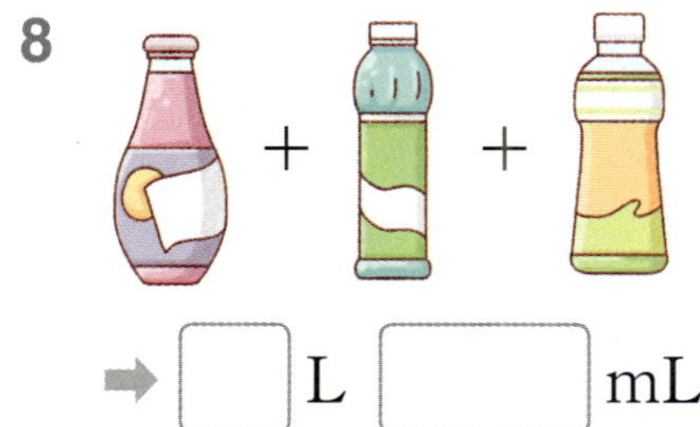

➡ ☐ L ☐ mL

9

➡ ☐ L ☐ mL

10

➡ ☐ L ☐ mL

11

➡ ☐ L ☐ mL

12

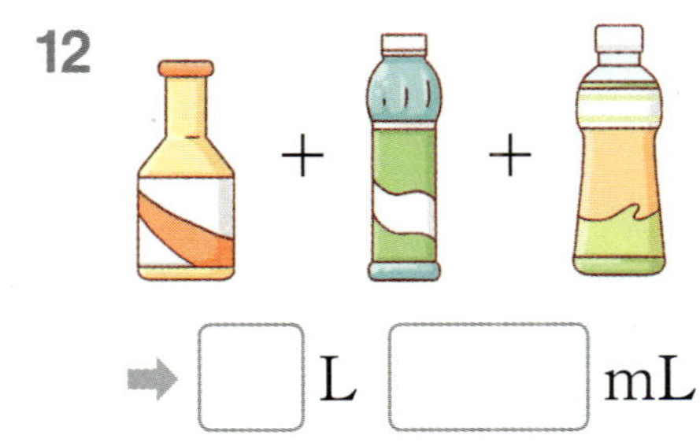

➡ ☐ L ☐ mL

13

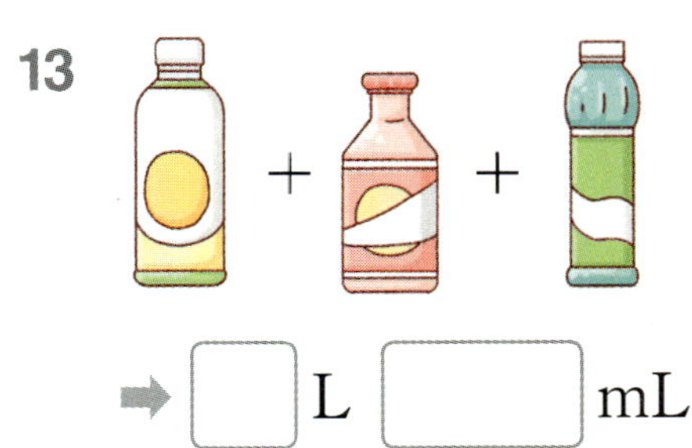

➡ ☐ L ☐ mL

14

➡ ☐ L ☐ mL

세 들이의 차

✤ 6 L 200 mL−2 L 300 mL−1 L 400 mL의 계산

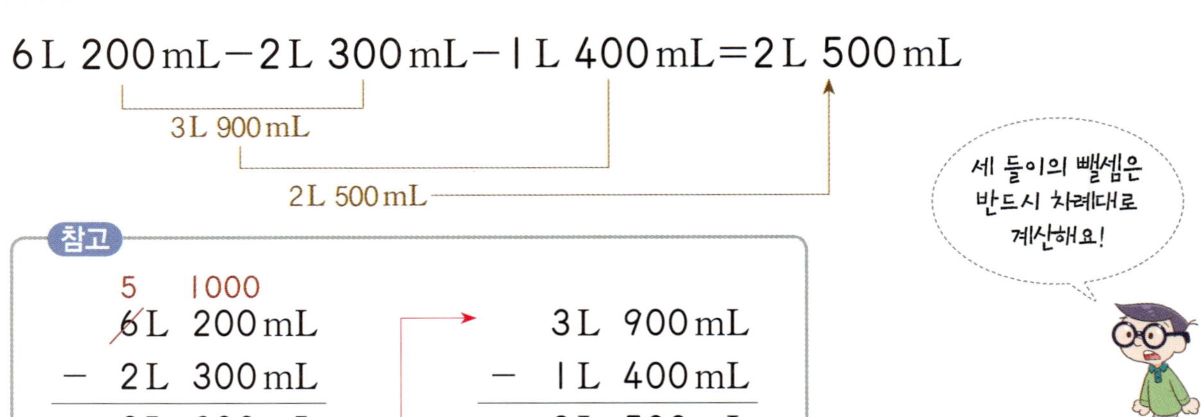

● 계산해 보세요.

1 7 L 300 mL−1 L 500 mL−3 L 600 mL=☐ L ☐ mL

2 5 L 800 mL−2 L 400 mL−1 L 700 mL=☐ L ☐ mL

3 8 L 400 mL−3 L 600 mL−2 L 500 mL=☐ L ☐ mL

4 6 L 200 mL−1 L 600 mL−2 L 800 mL=☐ L ☐ mL

5 7 L 170 mL−520 mL−2 L 380 mL=☐ L ☐ mL

6 9 L 560 mL−4 L 180 mL−2 L 920 mL=☐ L ☐ mL

● 큰 통에 담겨 있는 매실액을 두 개의 빈 통에 가득 나누어 담고 남는 매실액의 양을 구하세요.

7

4 L 200 mL | L 500 mL | L 600 mL

[ ] L [ ] mL

8

5 L 300 mL | L 200 mL   700 mL

[ ] L [ ] mL

9

3 L 700 mL | L 300 mL   600 mL

[ ] L [ ] mL

10

6 L 200 mL | L |00 mL   600 mL

[ ] L [ ] mL

11

4 L |70 mL | L 200 mL | L 640 mL

[ ] L [ ] mL

12

5 L 500 mL | L 270 mL   950 mL

[ ] L [ ] mL

13

4 L 330 mL | L 470 mL   820 mL

[ ] L [ ] mL

14

3 L 240 mL   960 mL   600 mL

[ ] L [ ] mL

08 세 들이의 합과 차 (1)

✦ 3 L 500 mL＋2 L 600 mL－4 L 200 mL의 계산

3 L 500 mL＋2 L 600 mL－4 L 200 mL＝1 L 900 mL

$$
\begin{array}{r}
1 \\
3\,\text{L}\ \ 500\,\text{mL} \\
+\ 2\,\text{L}\ \ 600\,\text{mL} \\
\hline
6\,\text{L}\ \ 100\,\text{mL}
\end{array}
\qquad\longrightarrow\qquad
\begin{array}{r}
5\quad 1000 \\
\cancel{6}\,\text{L}\ \ 100\,\text{mL} \\
-\ 4\,\text{L}\ \ 200\,\text{mL} \\
\hline
1\,\text{L}\ \ 900\,\text{mL}
\end{array}
$$

● 계산해 보세요.

1 2 L 300 mL＋3 L 400 mL－1 L 600 mL＝　L　mL

2 4 L 700 mL＋2 L 400 mL－3 L 600 mL＝　L　mL

3 5 L 800 mL＋3 L 300 mL－4 L 400 mL＝　L　mL

4 1 L 600 mL＋6 L 800 mL－3 L 200 mL＝　L　mL

5 3 L 670 mL＋2 L 830 mL－1 L 770 mL＝　L　mL

6 7 L 480 mL＋1 L 550 mL－3 L 690 mL＝　L　mL

● 계산해 보세요.

7 주 ➡ 5 L 700 mL＋1 L 400 mL－3 L 600 mL

8 계 ➡ 6 L 600 mL＋2 L 900 mL－4 L 400 mL

9 지 ➡ 7 L 400 mL＋5 L 200 mL－6 L 300 mL

10 낙 ➡ 4 L 900 mL＋2 L 800 mL－1 L 200 mL

11 원 ➡ 8 L 900 mL＋4 L 300 mL－5 L 700 mL

12 륵 ➡ 3 L 700 mL＋9 L 500 mL－8 L 100 mL

13 상 ➡ 9 L 200 mL＋2 L 100 mL－8 L 500 mL

14 선 ➡ 7 L 700 mL＋3 L 400 mL－6 L 300 mL

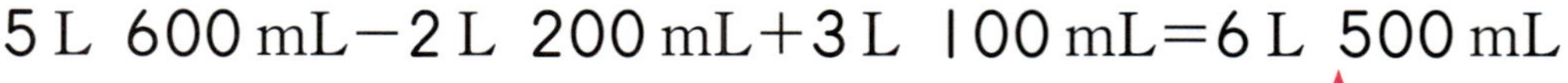

✦ 5 L 600 mL−2 L 200 mL+3 L 100 mL의 계산

5 L 600 mL−2 L 200 mL+3 L 100 mL＝6 L 500 mL

$$
\begin{array}{r}
5\,\text{L}\ \ 600\,\text{mL} \\
-\ 2\,\text{L}\ \ 200\,\text{mL} \\
\hline
3\,\text{L}\ \ 400\,\text{mL}
\end{array}
\qquad
\begin{array}{r}
3\,\text{L}\ \ 400\,\text{mL} \\
+\ 3\,\text{L}\ \ 100\,\text{mL} \\
\hline
6\,\text{L}\ \ 500\,\text{mL}
\end{array}
$$

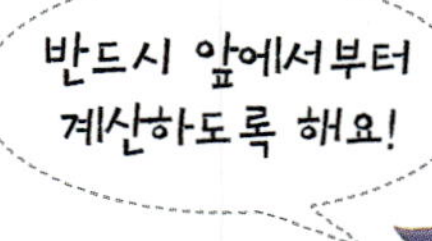

● 계산해 보세요.

1 7 L 800 mL−3 L 500 mL+2 L 900 mL＝☐ L ☐ mL

2 6 L 500 mL−3 L 200 mL+1 L 400 mL＝☐ L ☐ mL

3 8 L 400 mL−4 L 600 mL+2 L 500 mL＝☐ L ☐ mL

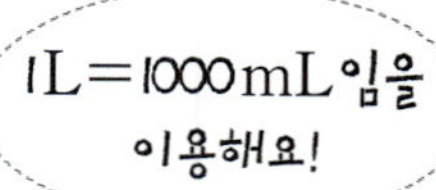

4 5 L 300 mL−2 L 700 mL+3 L 100 mL＝☐ L ☐ mL

5 4 L 730 mL−1 L 680 mL+5 L 470 mL＝☐ L ☐ mL

6 7 L 510 mL−4 L 340 mL+2 L 490 mL＝☐ L ☐ mL

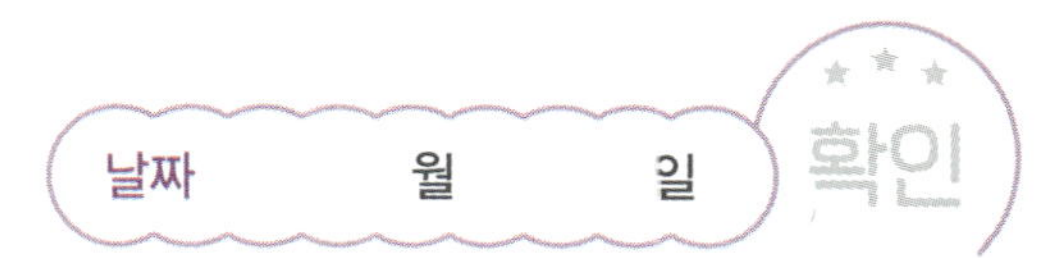

7 빅터가 푼 문제입니다. 채점을 하고 틀린 것은 정답을 써 보세요.

쪽지 시험

범위: 세 들이의 합과 차

이름: 빅터

(1) $4\,L\ 700\,mL - 2\,L\ 200\,mL + 1\,L\ 600\,mL = 3\,L\ \cancel{100}\,mL$　4 L 100 mL

(2) $6\,L\ 500\,mL - 3\,L\ 200\,mL + 2\,L\ 800\,mL = 6\,L\ 100\,mL$

(3) $3\,L\ 400\,mL - 1\,L\ 200\,mL + 3\,L\ 700\,mL = 5\,L\ 900\,mL$

(4) $2\,L\ 800\,mL - 1\,L\ 500\,mL + 4\,L\ 400\,mL = 5\,L\ 700\,mL$

(5) $3\,L\ 640\,mL - 1\,L\ 820\,mL + 2\,L\ 530\,mL = 4\,L\ 350\,mL$

(6) $7\,L\ 270\,mL - 4\,L\ 410\,mL + 1\,L\ 380\,mL = 5\,L\ 240\,mL$

(7) $5\,L\ 120\,mL - 2\,L\ 680\,mL + 3\,L\ 780\,mL = 6\,L\ 320\,mL$

(8) $4\,L\ 950\,mL - 1\,L\ 500\,mL + 2\,L\ 880\,mL = 6\,L\ 330\,mL$

● 들이의 합을 구하여 빈칸에 써넣으세요.

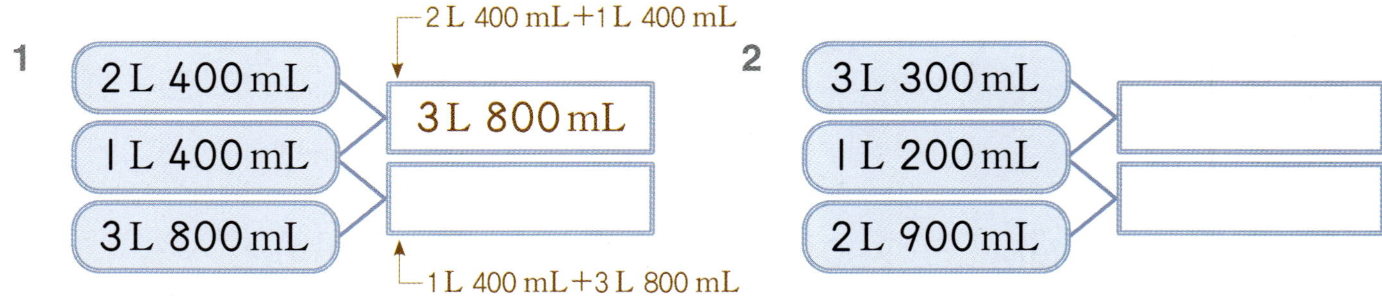

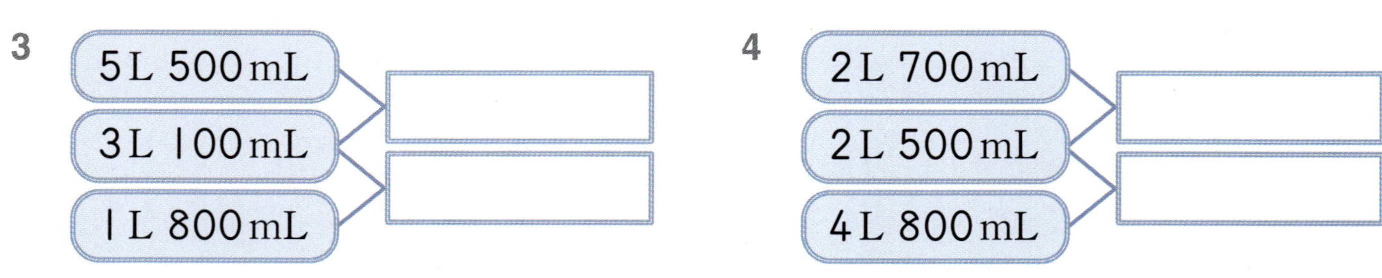

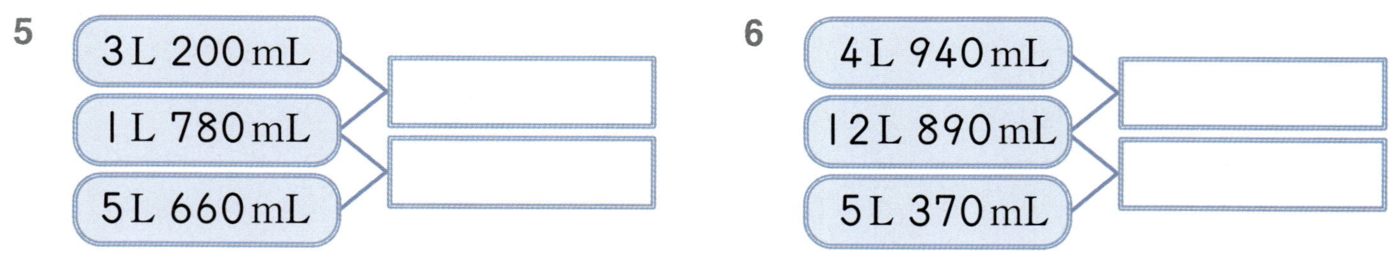

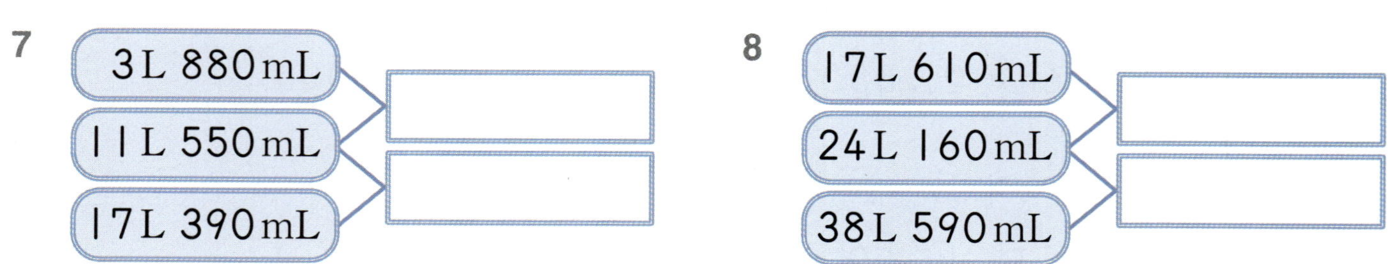

● 들이의 차를 구하여 아래 칸에 써넣으세요.

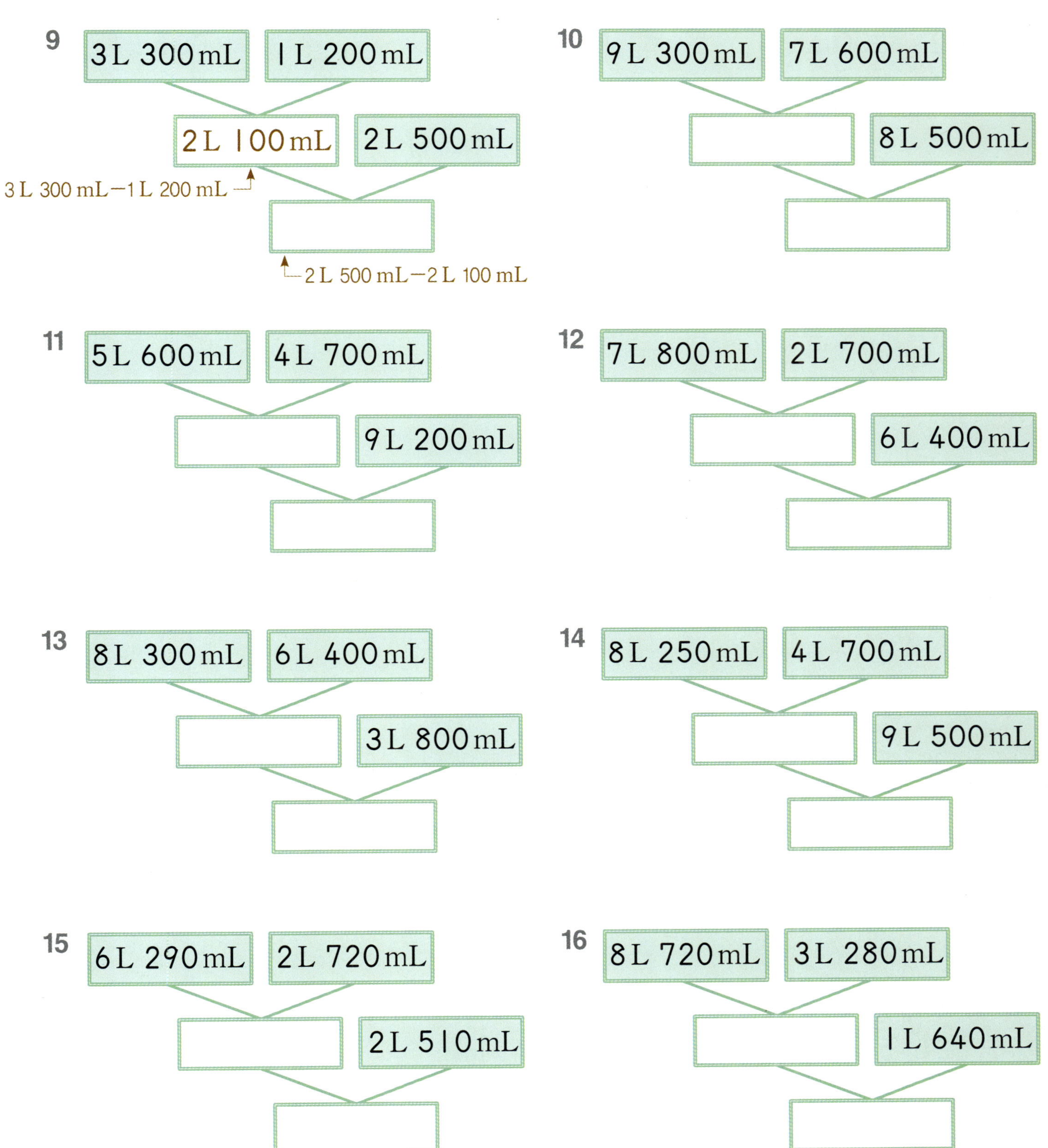

● 계산해 보세요.

1
$$2\text{L}\ 300\,\text{mL} + 3\text{L}\ 200\,\text{mL}$$

2
$$1\text{L}\ 400\,\text{mL} + 6\text{L}\ 200\,\text{mL}$$

3
$$3\text{L}\ 100\,\text{mL} + 4\text{L}\ 100\,\text{mL}$$

4
$$2\text{L}\ 500\,\text{mL} + 2\text{L}\ 100\,\text{mL}$$

5
$$4\text{L}\ 730\,\text{mL} + 2\text{L}\ 580\,\text{mL}$$

6
$$3\text{L}\ 690\,\text{mL} + 5\text{L}\ 960\,\text{mL}$$

7
$$5\text{L}\ 800\,\text{mL} + 1\text{L}\ 800\,\text{mL}$$

8
$$17\text{L}\ 580\,\text{mL} + 13\text{L}\ 980\,\text{mL}$$

9
$$24\text{L}\ 790\,\text{mL} + 30\text{L}\ 660\,\text{mL}$$

10
$$3\text{L}\ 500\,\text{mL} - 1\text{L}\ 100\,\text{mL}$$

11
$$5\text{L}\ 700\,\text{mL} - 2\text{L}\ 200\,\text{mL}$$

12
$$6\text{L}\ 600\,\text{mL} - 3\text{L}\ 400\,\text{mL}$$

13
$$7\text{L}\ 120\,\text{mL} - 2\text{L}\ 550\,\text{mL}$$

14
$$10\text{L}\ 120\,\text{mL} - 3\text{L}\ 640\,\text{mL}$$

15
$$27\text{L}\ 320\,\text{mL} - 11\text{L}\ 740\,\text{mL}$$

16 2 L 200 mL + 1 L 400 mL

17 4 L 600 mL + 3 L 800 mL

18 2 L 640 mL + 1 L 880 mL

19 4 L 960 mL + 3 L 770 mL

20 3 L 400 mL − 1 L 300 mL

21 7 L 700 mL − 6 L 300 mL

22 4 L 450 mL − 1 L 280 mL

23 5 L 320 mL − 3 L 660 mL

24 3 L 500 mL + 3 L 900 mL + 4 L 700 mL

25 8 L 520 mL − 2 L 670 mL − 1 L 960 mL

26 6 L 200 mL + 2 L 900 mL − 3 L 780 mL

27 16 L 310 mL − 7 L 730 mL + 5 L 860 mL

8. 무게의 합과 차

호두파이 하나 주세요.
네~! 여기 있습니다!

파이가 다 떨어졌잖아? 더 가져와야겠네.

이얍!!

응? 그런데 왜이리 무겁지?

악! 요정이 왜 상자 위에…?
아함~ 졸려.

요정은 왜 날지않고 앉아만 있는 거야? 무겁잖아.
내 무게가 2 kg 300 g밖에 안 되는데 뭐가 무겁다는 거야?
옥신
각신

상자 무게가 800 g이나 한다고! 상자 무게와 요정 무게를 더하면 얼마나 되는 거야?

kg은 kg끼리, g은 g끼리 더해.

1
2 kg 300 g
+   800 g
3 kg 100 g 이군.

학습내용

- ▶ g, kg, t의 관계
- ▶ 무게의 합
- ▶ 무게의 차
- ▶ 세 무게의 합과 차

01 g, kg, t의 관계

✤ g, kg, t의 관계

- | 그램: 물 | mL의 무게
- | 킬로그램: 물 | L의 무게
- | 톤: 물 |000 L의 무게

> | kg=|000 g, | t=|000 kg

● ☐ 안에 알맞은 수를 써넣으세요.

1 2 kg = ☐ g

2 4000 g = ☐ kg

3 5 kg = ☐ g

4 7000 g = ☐ kg

5 2 kg 400 g = ☐ g
↳ 2 kg + 400 g
  = 2000 g + 400 g

6 2300 g = ☐ kg ☐ g

7 6 kg 70 g = ☐ g

8 3000 kg = ☐ t

9 4 t 200 kg = ☐ kg
↳ 4 t + 200 kg
  = 4000 kg + 200 kg

10 9700 kg = ☐ t ☐ kg

">

● 선을 따라 내려가 ☐ 안에 알맞은 수를 써넣으세요.

11

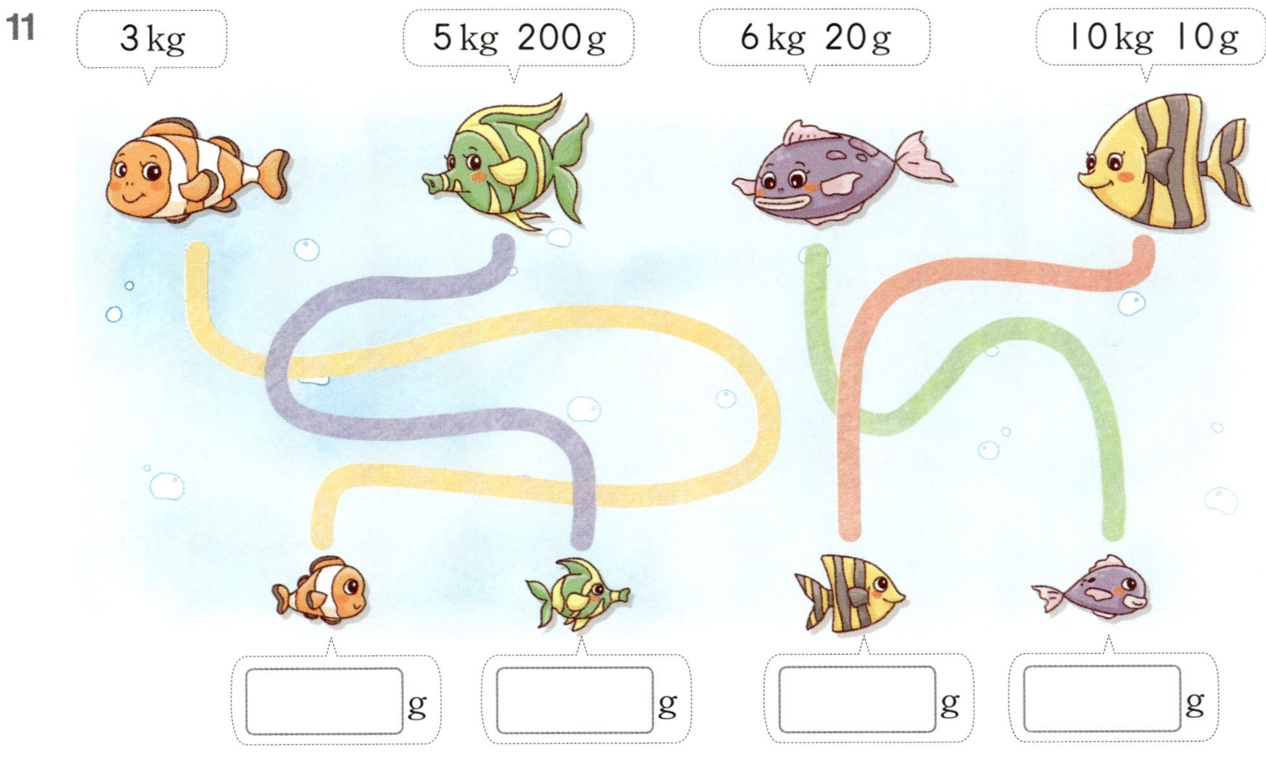

12

02 받아올림이 없는 무게의 합

✦ 3 kg 600 g+1 kg 300 g의 계산

● 계산해 보세요.

1

	kg	g
	4 kg	500 g
+	1 kg	300 g
	kg	g

2

	kg	g
	2 kg	400 g
+	3 kg	100 g
	kg	g

3

	kg	g
	3 kg	300 g
+	3 kg	200 g
	kg	g

4

	kg	g
	4 kg	200 g
+	1 kg	700 g
	kg	g

5

	kg	g
	5 kg	400 g
+	3 kg	200 g
	kg	g

6

	kg	g
	2 kg	100 g
+	6 kg	700 g
	kg	g

7

	kg	g
	12 kg	530 g
+	3 kg	250 g
	kg	g

8

	kg	g
	13 kg	290 g
+		660 g
	kg	g

9

	kg	g
	7 kg	170 g
+	9 kg	440 g
	kg	g

● 무게의 합을 구하세요.

10

4 kg 370 g ＋ 2 kg 250 g

➡ ☐ kg ☐ g

↑ 4 kg 370 g＋2 kg 250 g

11
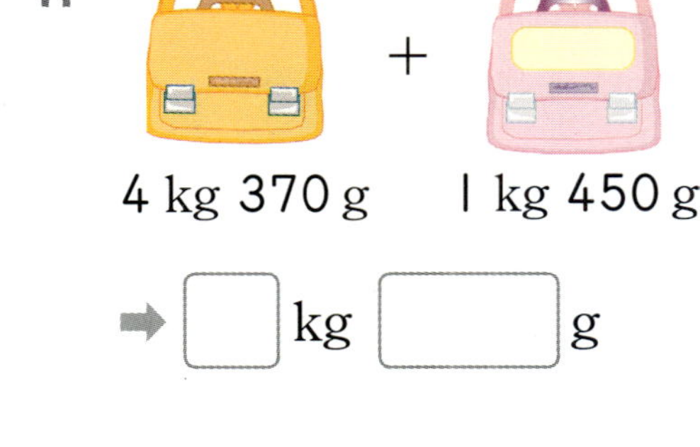
4 kg 370 g ＋ 1 kg 450 g

➡ ☐ kg ☐ g

12
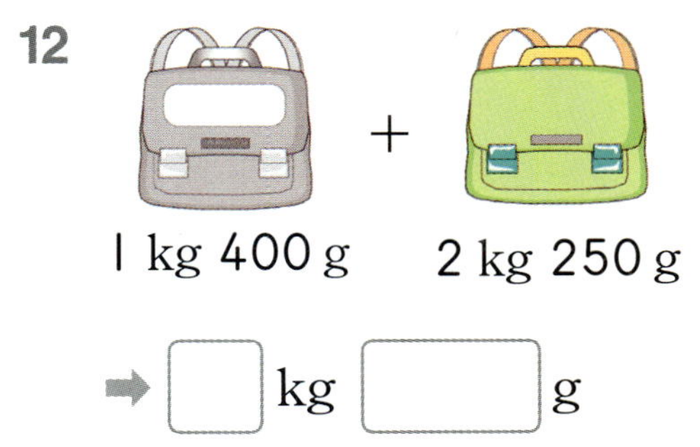
1 kg 400 g ＋ 2 kg 250 g

➡ ☐ kg ☐ g

13

1 kg 450 g ＋ 1 kg 120 g

➡ ☐ kg ☐ g

14
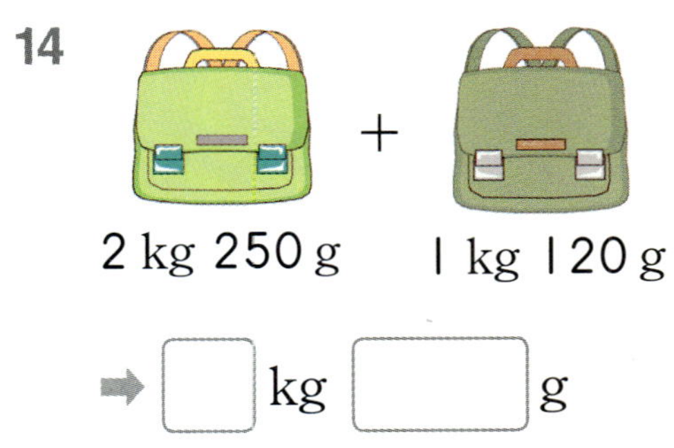
2 kg 250 g ＋ 1 kg 120 g

➡ ☐ kg ☐ g

15
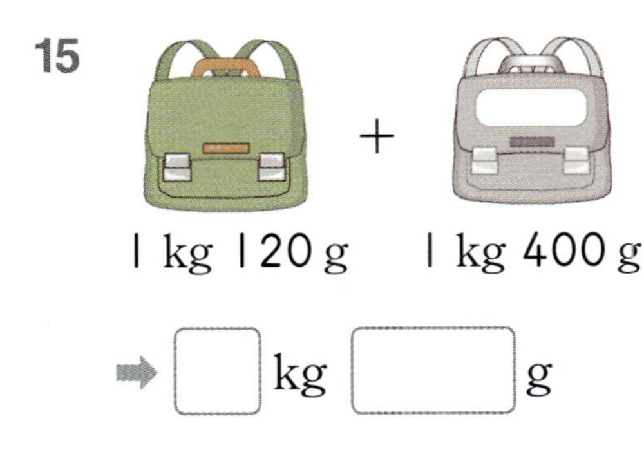
1 kg 120 g ＋ 1 kg 400 g

➡ ☐ kg ☐ g

16
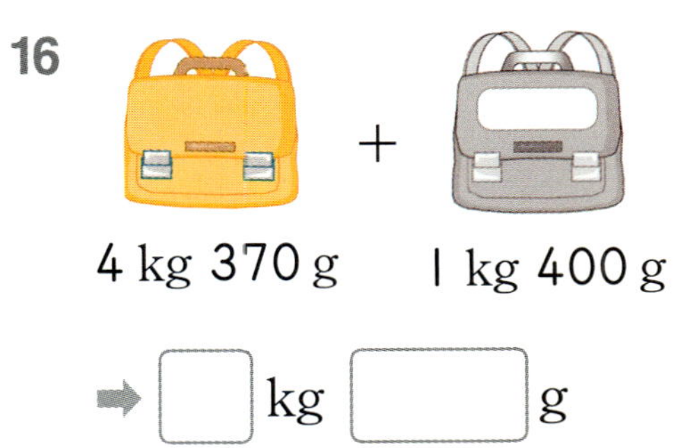
4 kg 370 g ＋ 1 kg 400 g

➡ ☐ kg ☐ g

17
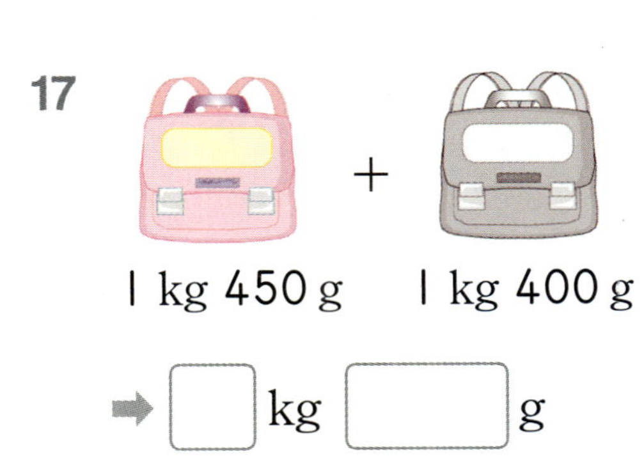
1 kg 450 g ＋ 1 kg 400 g

➡ ☐ kg ☐ g

03 받아올림이 있는 무게의 합

✦ 2 kg 300 g＋5 kg 800 g의 계산

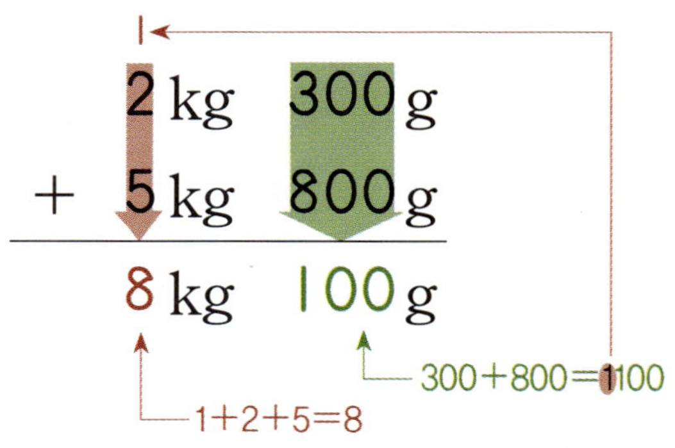

● 계산해 보세요.

1

	kg	g
	2 kg	400 g
+	1 kg	800 g
	kg	g

2

	kg	g
	6 kg	500 g
+	2 kg	700 g
	kg	g

3

	kg	g
	3 kg	900 g
+	5 kg	600 g
	kg	g

4

	kg	g
	4 kg	700 g
+	3 kg	800 g
	kg	g

5

	kg	g
	5 kg	600 g
+	1 kg	700 g
	kg	g

6

	kg	g
	6 kg	400 g
+	4 kg	900 g
	kg	g

7

	kg	g
	8 kg	280 g
+	4 kg	980 g
	kg	g

8

	kg	g
	6 kg	530 g
+		670 g
	kg	g

9

	kg	g
	9 kg	880 g
+	6 kg	750 g
	kg	g

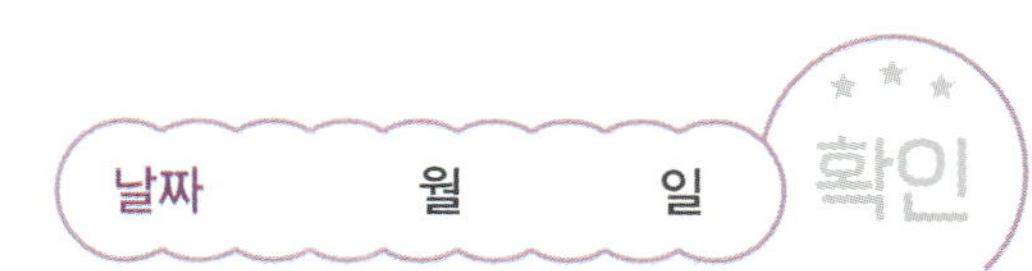

● 김치 무게의 합을 구하세요.

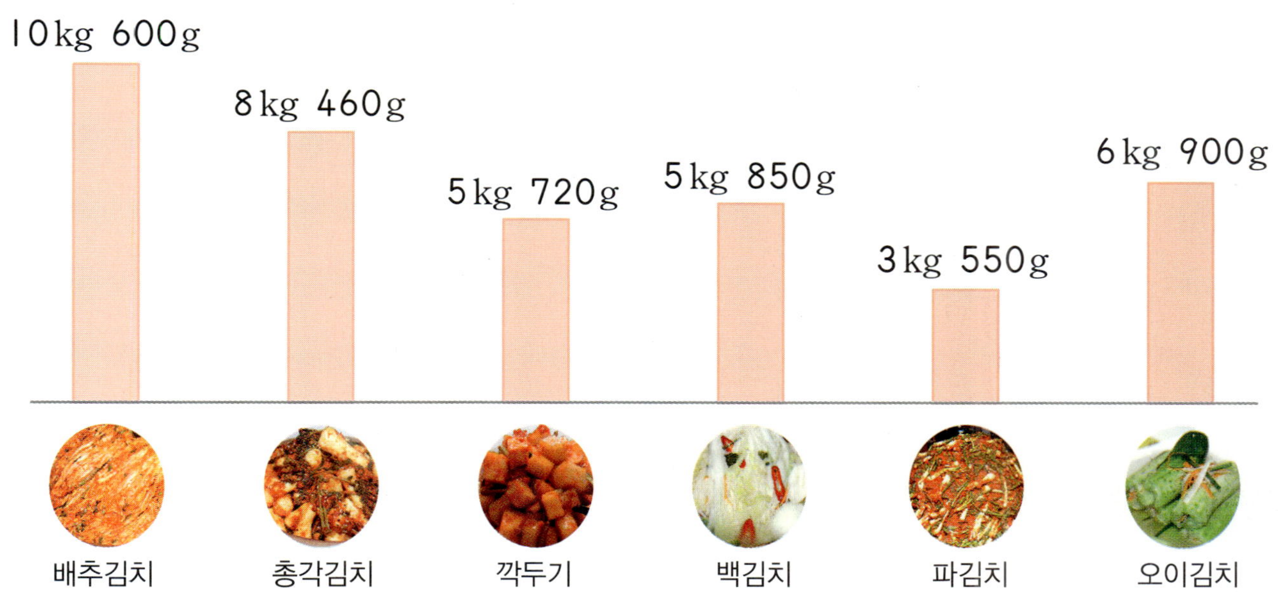

10 총각김치 + 오이김치

→ 8kg 460g+6kg 900g

➡ ☐ kg ☐ g

11 총각김치 + 파김치

➡ ☐ kg ☐ g

12 배추김치 + 파김치

➡ ☐ kg ☐ g

13 배추김치 + 백김치

➡ ☐ kg ☐ g

14 파김치 + 오이김치

➡ ☐ kg ☐ g

15 깍두기 + 오이김치

➡ ☐ kg ☐ g

16 깍두기 + 파김치

➡ ☐ kg ☐ g

17 배추김치 + 총각김치

➡ ☐ kg ☐ g

04 받아내림이 없는 무게의 차

✤ 4 kg 600 g − 1 kg 300 g의 계산

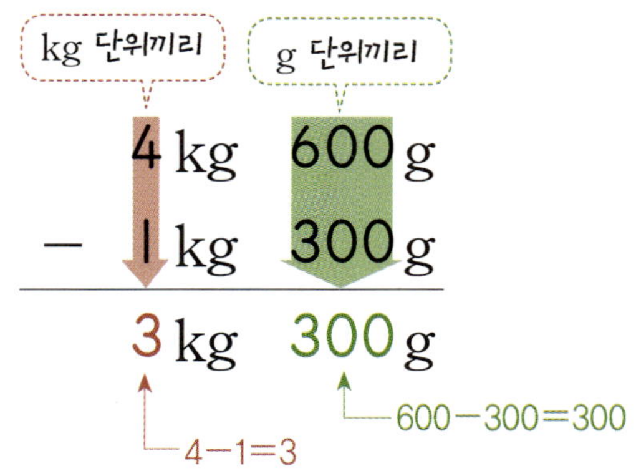

● 계산해 보세요.

1

	kg	g
	3 kg	900 g
−	1 kg	400 g
	kg	g

2

	kg	g
	5 kg	800 g
−	2 kg	200 g
	kg	g

3

	kg	g
	6 kg	700 g
−	4 kg	500 g
	kg	g

4

	kg	g
	4 kg	600 g
−	1 kg	300 g
	kg	g

5

	kg	g
	7 kg	800 g
−	3 kg	500 g
	kg	g

6

	kg	g
	6 kg	700 g
−	1 kg	300 g
	kg	g

7

	kg	g
	11 kg	700 g
−	2 kg	420 g
	kg	g

8

	kg	g
	17 kg	930 g
−		760 g
	kg	g

9

	kg	g
	12 kg	800 g
−	5 kg	550 g
	kg	g

● 더 실을 수 있는 짐의 무게를 구하세요.

〈1인당 실을 수 있는 짐의 무게〉

A 항공	B 항공	C 항공
19 kg 900 g	23 kg 700 g	32 kg 800 g

10 A 항공

10 kg 300 g

☐ kg ☐ g

↳ 19 kg 900 g − 10 kg 300 g

11 A 항공

12 kg 730 g

☐ kg ☐ g

12 B 항공

15 kg 460 g

☐ kg ☐ g

13 B 항공

17 kg 520 g

☐ kg ☐ g

14 C 항공

16 kg 340 g

☐ kg ☐ g

15 C 항공

25 kg 630 g

☐ kg ☐ g

05 받아내림이 있는 무게의 차

✚ 4 kg 200 g − 2 kg 700 g의 계산

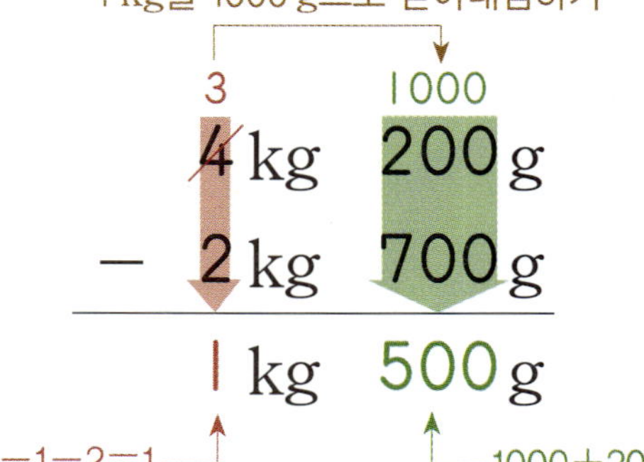

● 계산해 보세요.

1

	kg	g
	7 kg	200 g
−	4 kg	300 g
	kg	g

2

	kg	g
	6 kg	400 g
−	1 kg	700 g
	kg	g

3

	kg	g
	9 kg	500 g
−	6 kg	800 g
	kg	g

4

	kg	g
	5 kg	200 g
−	2 kg	600 g
	kg	g

5

	kg	g
	9 kg	200 g
−	2 kg	850 g
	kg	g

6

	kg	g
	10 kg	450 g
−	3 kg	700 g
	kg	g

7

	kg	g
	14 kg	320 g
−	6 kg	500 g
	kg	g

8

	kg	g
	13 kg	270 g
−		400 g
	kg	g

9

	kg	g
	11 kg	120 g
−	3 kg	200 g
	kg	g

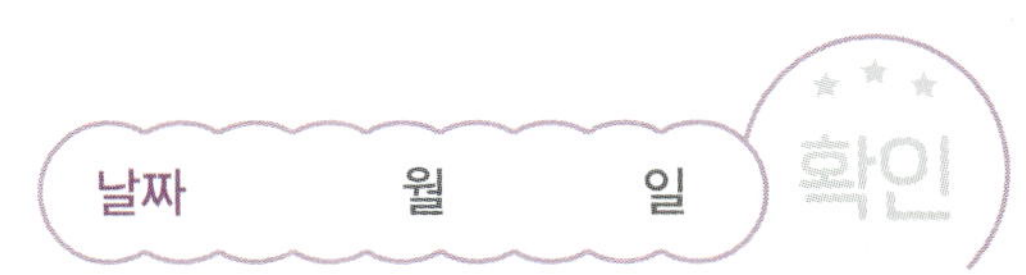

● 윤영이네 가족의 몸무게를 나타낸 표입니다. 몸무게의 차를 구하세요.

〈윤영이네 가족의 몸무게〉

할아버지	74 kg 100 g	아버지	83 kg 240 g	윤영	24 kg 560 g
할머니	65 kg 200 g	어머니	52 kg 300 g	동생	17 kg 850 g

10 윤영 ─ 동생

24 kg 560 g ─ 17 kg 850 g

➡ ☐ kg ☐ g

11 할아버지 ─ 어머니

➡ ☐ kg ☐ g

12 아버지 ─ 윤영

➡ ☐ kg ☐ g

13 어머니 ─ 동생

➡ ☐ kg ☐ g

14 할아버지 ─ 할머니

➡ ☐ kg ☐ g

15 아버지 ─ 어머니

➡ ☐ kg ☐ g

16 아버지 ─ 동생

➡ ☐ kg ☐ g

17 할머니 ─ 윤영

➡ ☐ kg ☐ g

06 세 무게의 합

✛ 1 kg 400 g + 1 kg 200 g + 1 kg 700 g의 계산

kg은 kg끼리 계산 ➡ 1+1+1=3

1 kg 400 g + 1 kg 200 g + 1 kg 700 g = 3 kg 1300 g

g은 g끼리 계산 ➡ 400+200+700=1300

1000 g은 1 kg으로 받아올림합니다.

= 4 kg 300 g

● 계산해 보세요.

1 2 kg 200 g + 3 kg 800 g + 1 kg 700 g = ☐ kg ☐ g

2 1 kg 700 g + 3 kg 500 g + 1 kg 600 g = ☐ kg ☐ g

3 4 kg 600 g + 3 kg 100 g + 1 kg 800 g = ☐ kg ☐ g

4 5 kg 700 g + 1 kg 200 g + 2 kg 400 g = ☐ kg ☐ g

5 1 kg 800 g + 2 kg 650 g + 3 kg 480 g = ☐ kg ☐ g

6 6 kg 160 g + 1 kg 740 g + 5 kg 540 g = ☐ kg ☐ g

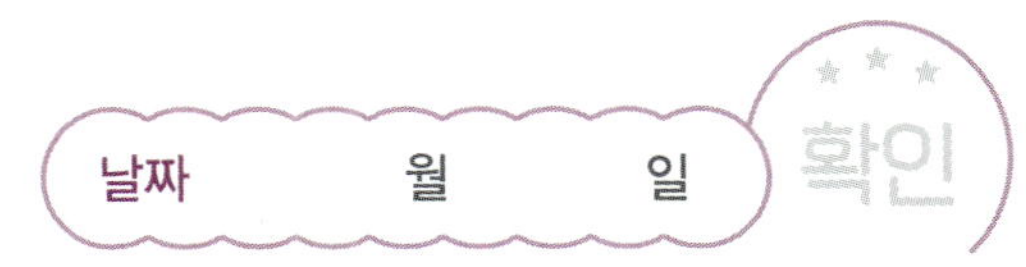

● 딸기 농장으로 체험 학습을 갔습니다. 모둠별로 딴 딸기의 무게의 합을 구하세요.

7 새싹 모둠

유경	1 kg 350 g
지숙	1 kg 700 g
재호	2 kg 100 g

[ ] kg [ ] g

→ 1 kg 350 g + 1 kg 700 g + 2 kg 100 g

8 줄기 모둠

지민	2 kg 200 g
성호	1 kg 550 g
상혁	3 kg 400 g

[ ] kg [ ] g

9 새순 모둠

희정	1 kg 270 g
윤아	1 kg 860 g
민수	2 kg 100 g

[ ] kg [ ] g

10 뿌리 모둠

재혁	1 kg 750 g
성익	1 kg 200 g
연우	2 kg 900 g

[ ] kg [ ] g

11 꽃 모둠

연정	2 kg 400 g
주원	3 kg 650 g
혜준	2 kg 700 g

[ ] kg [ ] g

12 열매 모둠

민정	1 kg 850 g
세환	3 kg 330 g
송은	3 kg 450 g

[ ] kg [ ] g

07 세 무게의 차

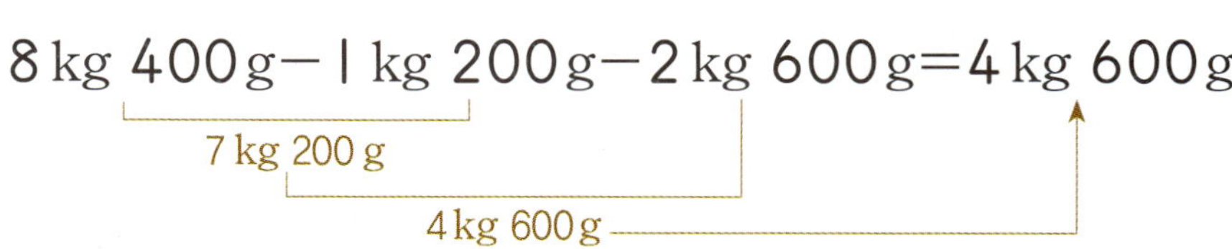

✤ 8 kg 400 g − 1 kg 200 g − 2 kg 600 g의 계산

8 kg 400 g − 1 kg 200 g − 2 kg 600 g = 4 kg 600 g

7 kg 200 g

4 kg 600 g

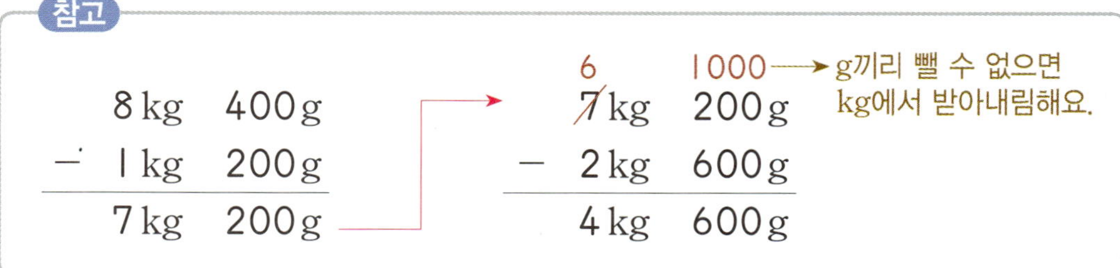

참고

	8 kg	400 g
−	1 kg	200 g
	7 kg	200 g

	$\overset{6}{\cancel{7}}$ kg	$\overset{1000}{200}$ g
−	2 kg	600 g
	4 kg	600 g

g끼리 뺄 수 없으면 kg에서 받아내림해요.

● 계산해 보세요.

1   7 kg 600 g − 2 kg 200 g − 2 kg 500 g = ☐ kg ☐ g

2   6 kg 100 g − 1 kg 300 g − 3 kg 100 g = ☐ kg ☐ g

3   8 kg 900 g − 3 kg 500 g − 1 kg 700 g = ☐ kg ☐ g

4   5 kg 800 g − 2 kg 400 g − 1 kg 500 g = ☐ kg ☐ g

5   6 kg 300 g − 1 kg 580 g − 1 kg 240 g = ☐ kg ☐ g

6   8 kg 940 g − 2 kg 260 g − 1 kg 530 g = ☐ kg ☐ g

● 음식을 만들고 남은 고기의 무게를 구하세요.

〈구입한 고기의 양〉

돼지고기	소고기	닭고기	오리고기	말고기	양고기
8 kg 800 g	12 kg 300 g	9 kg 750 g	7 kg 940 g	6 kg 500 g	8 kg 400 g

7 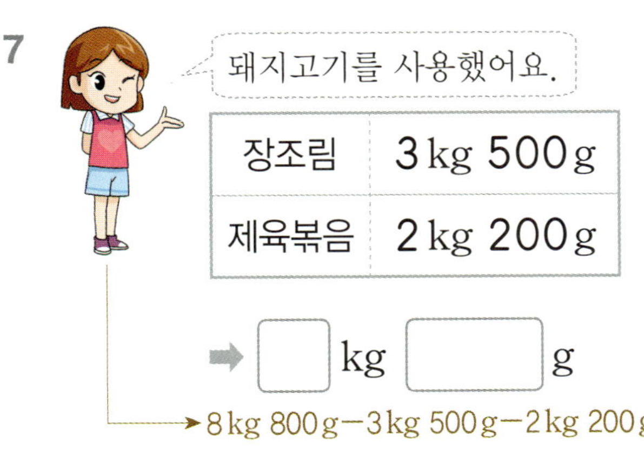

장조림	3 kg 500 g
제육볶음	2 kg 200 g

➡ ☐ kg ☐ g

→ 8 kg 800 g − 3 kg 500 g − 2 kg 200 g

8 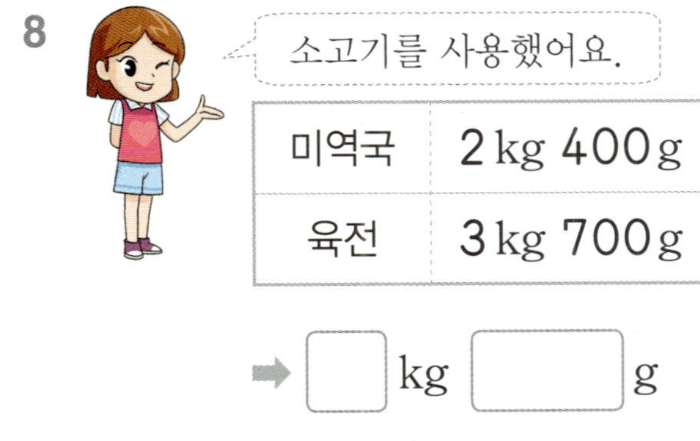

미역국	2 kg 400 g
육전	3 kg 700 g

➡ ☐ kg ☐ g

9 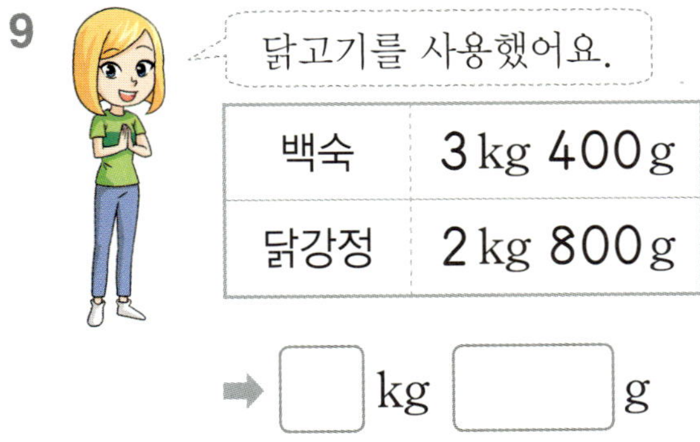

백숙	3 kg 400 g
닭강정	2 kg 800 g

➡ ☐ kg ☐ g

10 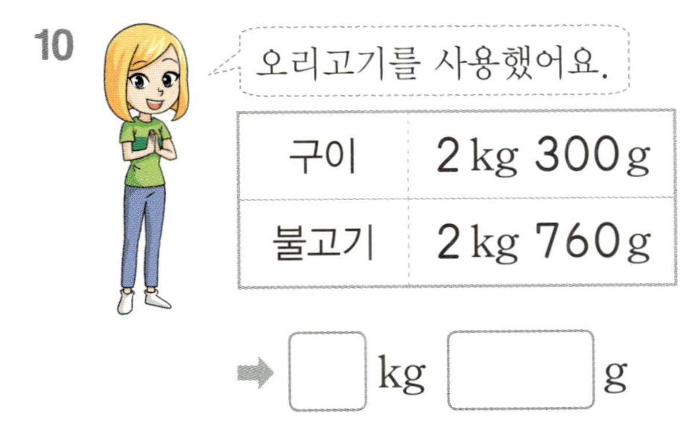

구이	2 kg 300 g
불고기	2 kg 760 g

➡ ☐ kg ☐ g

11 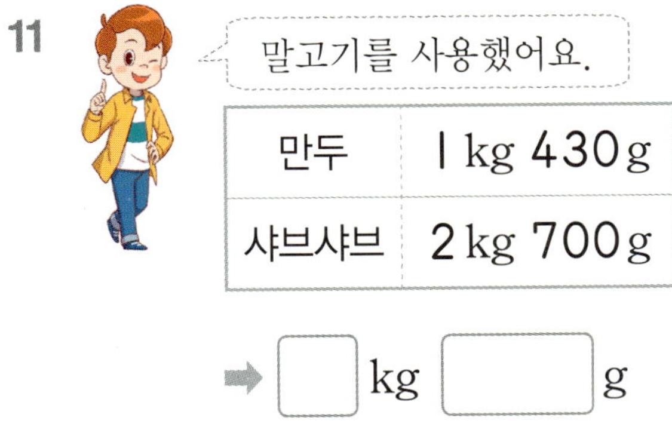

만두	1 kg 430 g
샤브샤브	2 kg 700 g

➡ ☐ kg ☐ g

12 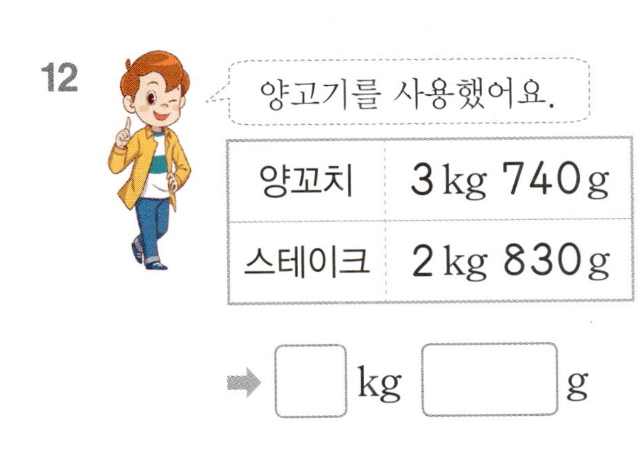

양꼬치	3 kg 740 g
스테이크	2 kg 830 g

➡ ☐ kg ☐ g

✤ 3 kg 600 g＋5 kg 700 g－4 kg 800 g의 계산

3 kg 600 g＋5 kg 700 g－4 kg 800 g＝4 kg 500 g

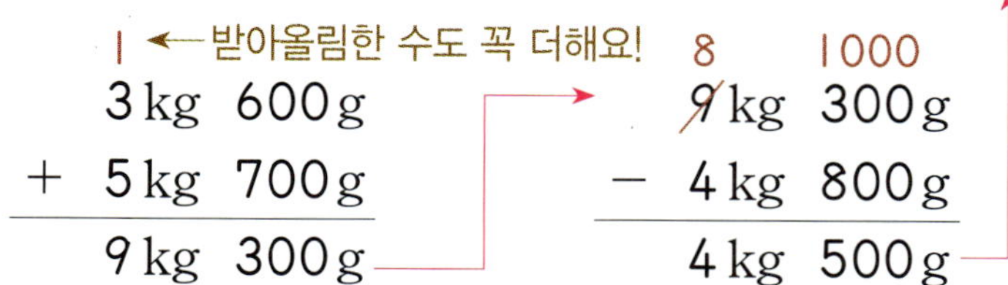

● 계산해 보세요.

1 5 kg 400 g＋2 kg 300 g－3 kg 500 g＝ ☐ kg ☐ g

2 4 kg 800 g＋3 kg 600 g－2 kg 700 g＝ ☐ kg ☐ g

3 2 kg 500 g＋3 kg 800 g－I kg 600 g＝ ☐ kg ☐ g

4 3 kg 600 g＋6 kg 500 g－3 kg 800 g＝ ☐ kg ☐ g

5 I2 kg 720 g＋5 kg 590 g－8 kg 340 g＝ ☐ kg ☐ g

6 I0 kg 300 g＋4 kg 270 g－9 kg 850 g＝ ☐ kg ☐ g

● 가게 주인이 쓴 것을 보고 오늘 사용하고 남은 품목의 무게를 구하세요.

7

날짜	품목	전날 남은 무게	오늘 들어온 무게	오늘 사용한 무게	남은 무게
1월 3일	소금	3 kg 400 g	5 kg 300 g	2 kg 600 g	
·	설탕	1 kg 600 g	6 kg 200 g	4 kg 500 g	
·	밀가루	5 kg 250 g	2 kg 570 g	3 kg 460 g	

(남은 무게)=(전날 남은 무게)+(오늘 들어온 무게)−(오늘 사용한 무게)

8

날짜	품목	전날 남은 무게	오늘 들어온 무게	오늘 사용한 무게	남은 무게
3월 5일	소금	2 kg 800 g	5 kg 500 g	4 kg 700 g	
·	설탕	3 kg 650 g	2 kg 700 g	1 kg 480 g	
·	밀가루	1 kg 970 g	10 kg 200 g	8 kg 550 g	

9

날짜	품목	전날 남은 무게	오늘 들어온 무게	오늘 사용한 무게	남은 무게
5월 8일	소금	6 kg 160 g	1 kg 290 g	5 kg 670 g	
·	설탕	3 kg 240 g	3 kg 800 g	1 kg 670 g	
·	밀가루	7 kg 130 g	2 kg 160 g	6 kg 600 g	

✤ 6 kg 200 g − 3 kg 600 g + 2 kg 300 g의 계산

6 kg 200 g − 3 kg 600 g + 2 kg 300 g = 4 kg 900 g

$$\begin{array}{r} \overset{5}{\cancel{6}} \text{kg} \quad \overset{1000}{200} \text{g} \\ - \quad 3 \text{kg} \quad 600 \text{g} \\ \hline 2 \text{kg} \quad 600 \text{g} \end{array} \qquad \begin{array}{r} 2 \text{kg} \quad 600 \text{g} \\ + \quad 2 \text{kg} \quad 300 \text{g} \\ \hline 4 \text{kg} \quad 900 \text{g} \end{array}$$

● 계산해 보세요.

1 5 kg 600 g − 3 kg 900 g + 2 kg 500 g = ☐ kg ☐ g

2 7 kg 400 g − 2 kg 800 g + 1 kg 700 g = ☐ kg ☐ g

3 4 kg 200 g − 1 kg 600 g + 5 kg 900 g = ☐ kg ☐ g

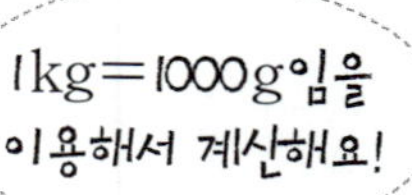

4 6 kg 300 g − 2 kg 500 g + 3 kg 400 g = ☐ kg ☐ g

5 9 kg 480 g − 6 kg 600 g + 3 kg 760 g = ☐ kg ☐ g

6 13 kg 590 g − 8 kg 760 g + 4 kg 300 g = ☐ kg ☐ g

● **저울의 빈칸에 알맞은 무게를 써넣으세요.**

7

└→ (어린이의 몸무게)＋(고양이의 무게)
＝38 kg 400 g－(강아지의 무게)＋(고양이의 무게)
＝38 kg 400 g－3 kg 500 g＋2 kg 700 g

8

9

10

11

12

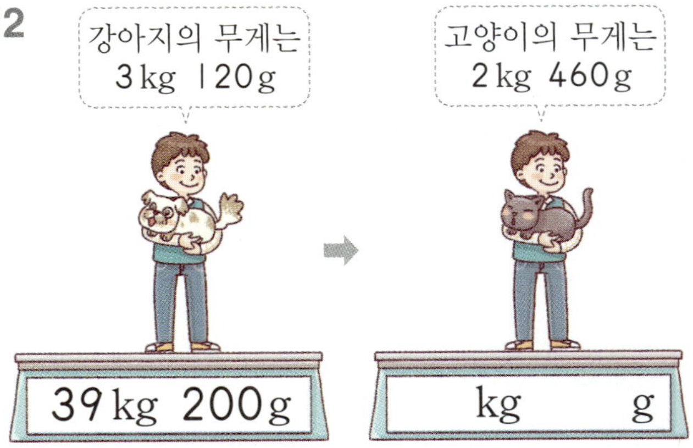

● 계산해 보세요.

1

$+3\,\text{kg}\,500\,\text{g}$

| 2 kg 300 g | |
| 4 kg 800 g | |

2

$-2\,\text{kg}\,400\,\text{g}$

| 5 kg 800 g | |
| 9 kg 200 g | |

3

$+4\,\text{kg}\,400\,\text{g}$

| 6 kg 720 g | |
| 17 kg 260 g | |

4

$-1\,\text{kg}\,700\,\text{g}$

| 7 kg 960 g | |
| 3 kg 270 g | |

5

$+9\,\text{kg}\,680\,\text{g}$

| 5 kg 120 g | |
| 9 kg 440 g | |

6

$-6\,\text{kg}\,780\,\text{g}$

| 10 kg 500 g | |
| 21 kg 350 g | |

7

$+12\,\text{kg}\,750\,\text{g}$

| 13 kg 650 g | |
| 22 kg 870 g | |

8

$-8\,\text{kg}\,540\,\text{g}$

| 18 kg 360 g | |
| 32 kg 500 g | |

9 | 1 kg 300 g $+$ 4 kg 300 g |

10 | 6 kg 600 g $-$ 3 kg 300 g |

11 | 2 kg 200 g $+$ 6 kg 700 g |

12 | 5 kg 700 g $-$ 2 kg 200 g |

13 | 5 kg 900 g $+$ 5 kg 900 g |

14 | 8 kg 500 g $-$ 3 kg 800 g |

15 | 6 kg 860 g $+$ 7 kg 560 g |

16 | 10 kg 160 g $-$ 5 kg 380 g |

17 | 7 kg 720 g $+$ 13 kg 580 g |

18 | 15 kg 360 g $-$ 7 kg 770 g |

19 | 11 kg 590 g $+$ 16 kg 660 g |

20 | 26 kg 220 g $-$ 13 kg 990 g |

● 계산해 보세요.

1
$$\begin{array}{r} 5\,\text{kg}\ \ 600\,\text{g} \\ +\ 3\,\text{kg}\ \ 200\,\text{g} \\ \hline \end{array}$$

2
$$\begin{array}{r} 2\,\text{kg}\ \ 200\,\text{g} \\ +\ 4\,\text{kg}\ \ 400\,\text{g} \\ \hline \end{array}$$

3
$$\begin{array}{r} 4\,\text{kg}\ \ 100\,\text{g} \\ +\ 4\,\text{kg}\ \ 100\,\text{g} \\ \hline \end{array}$$

4
$$\begin{array}{r} 7\,\text{kg}\ \ 200\,\text{g} \\ +\ 3\,\text{kg}\ \ 700\,\text{g} \\ \hline \end{array}$$

5
$$\begin{array}{r} 3\,\text{kg}\ \ 250\,\text{g} \\ +\ 2\,\text{kg}\ \ 640\,\text{g} \\ \hline \end{array}$$

6
$$\begin{array}{r} 4\,\text{kg}\ \ 910\,\text{g} \\ +\ 8\,\text{kg}\ \ 350\,\text{g} \\ \hline \end{array}$$

7
$$\begin{array}{r} 9\,\text{kg}\ \ 730\,\text{g} \\ +\ 3\,\text{kg}\ \ 540\,\text{g} \\ \hline \end{array}$$

8
$$\begin{array}{r} 3\,\text{kg}\ \ 800\,\text{g} \\ +\ 16\,\text{kg}\ \ 780\,\text{g} \\ \hline \end{array}$$

9
$$\begin{array}{r} 17\,\text{kg}\ \ 390\,\text{g} \\ +\ 21\,\text{kg}\ \ 960\,\text{g} \\ \hline \end{array}$$

10
$$\begin{array}{r} 4\,\text{kg}\ \ 500\,\text{g} \\ -\ 1\,\text{kg}\ \ 100\,\text{g} \\ \hline \end{array}$$

11
$$\begin{array}{r} 8\,\text{kg}\ \ 700\,\text{g} \\ -\ 6\,\text{kg}\ \ 500\,\text{g} \\ \hline \end{array}$$

12
$$\begin{array}{r} 7\,\text{kg}\ \ 300\,\text{g} \\ -\ 3\,\text{kg}\ \ 250\,\text{g} \\ \hline \end{array}$$

13
$$\begin{array}{r} 12\,\text{kg}\ \ 400\,\text{g} \\ -\ 7\,\text{kg}\ \ 900\,\text{g} \\ \hline \end{array}$$

14
$$\begin{array}{r} 7\,\text{kg}\ \ 230\,\text{g} \\ -\ 4\,\text{kg}\ \ 450\,\text{g} \\ \hline \end{array}$$

15
$$\begin{array}{r} 22\,\text{kg}\ \ 600\,\text{g} \\ -\ 8\,\text{kg}\ \ 750\,\text{g} \\ \hline \end{array}$$

16 1 kg 400 g+3 kg 300 g

17 4 kg 700 g+2 kg 550 g

18 7 kg 200 g+5 kg 450 g

19 3 kg 820 g+5 kg 360 g

20 7 kg 500 g−1 kg 400 g

21 9 kg 500 g−5 kg 200 g

22 7 kg 400 g−2 kg 600 g

23 16 kg 200 g−13 kg 750 g

24 2 kg 500 g+1 kg 600 g+4 kg 700 g

25 9 kg 100 g−1 kg 400 g−3 kg 600 g

26 7 kg 400 g+3 kg 600 g−5 kg 830 g

27 8 kg 200 g−3 kg 750 g+6 kg 380 g

재미있는 수학 피라미드

다음 곱셈에서 규칙을 찾아보세요.

$$1 \times 1 = 1$$
$$11 \times 11 = 121$$
$$111 \times 111 = 12321$$
$$1111 \times 1111 = 1234321$$
$$11111 \times 11111 = 123454321$$

➡ 다섯 자리 수끼리 곱은 5까지 커져요.

어떤 규칙인지 알겠나요?

다음 곱셈에서 규칙을 찾아보세요.

$$6 \times 7 = 42$$
$$66 \times 67 = 4422$$
$$666 \times 667 = 444222$$
$$6666 \times 6667 = 44442222$$
$$66666 \times 66667 = 4444422222$$

❀ 규칙을 찾아 다음 문제를 풀어 볼까요?

1 11111111×11111111

2 6666666×6666667

똑똑한 하루
빅터
연산
정답 및 풀이
3·B
초등 3 수준
천재교육

정답 및 풀이
포인트 3가지

▶ 쉽게 찾을 수 있는 정답

▶ 알아보기 쉽게 정리된 정답

▶ 혼자서도 이해할 수 있는 친절한 문제 풀이

1 (세 자리 수)×(한 자리 수) (1)

01 (몇백)×(몇)   8~9쪽

1. 800, 1400
2. 1800, 4800
3. 2000, 3000
4. 600, 2100
5. 4200, 3500
6. 6400, 2400
7. 2800, 2000
8. 3600, 5400
9. 1600 ; 1600
10. 3200 ; 3200
11. 600×6=3600 ; 3600
12. 700×7=4900 ; 4900
13. 900×5=4500 ; 4500
14. 800×6=4800 ; 4800

02 올림이 없는 (몇백몇십)×(몇)   10~11쪽

1. 620, 860
2. 770, 360
3. 840, 990
4. 820, 390
5. 480, 630
6. 640, 840
7. 880, 260
8. 930, 960
9. 640 ; 640
10. 660 ; 660
11. 110×4=440 ; 440
12. 240×2=480 ; 480
13. 140×2=280 ; 280
14. 430×2=860 ; 860
15. 330×3=990 ; 990
16. 310×3=930 ; 930

03 올림이 있는 (몇백몇십)×(몇)   12~13쪽

1.
$$\begin{array}{r} 4\ 3\ 0 \\ \times \qquad 3 \\ \hline 1\ 2\ 9\ 0 \end{array}$$

2.
$$\begin{array}{r} 1\ 8\ 0 \\ \times \qquad 5 \\ \hline 9\ 0\ 0 \end{array}$$

3.
$$\begin{array}{r} 4\ 2\ 0 \\ \times \qquad 4 \\ \hline 1\ 6\ 8\ 0 \end{array}$$

4.
$$\begin{array}{r} 2\ 9\ 0 \\ \times \qquad 2 \\ \hline 5\ 8\ 0 \end{array}$$

5.
$$\begin{array}{r} 6\ 1\ 0 \\ \times \qquad 7 \\ \hline 4\ 2\ 7\ 0 \end{array}$$

6.
$$\begin{array}{r} 5\ 3\ 0 \\ \times \qquad 2 \\ \hline 1\ 0\ 6\ 0 \end{array}$$

7.
$$\begin{array}{r} 3\ 2\ 0 \\ \times \qquad 4 \\ \hline 1\ 2\ 8\ 0 \end{array}$$

8.
$$\begin{array}{r} 7\ 1\ 0 \\ \times \qquad 5 \\ \hline 3\ 5\ 5\ 0 \end{array}$$

9.
$$\begin{array}{r} 1\ 7\ 0 \\ \times \qquad 3 \\ \hline 5\ 1\ 0 \end{array}$$

10. 570 ; 570
11. 1480 ; 1480
12. 260×5=1300 ; 1300
13. 520×6=3120 ; 3120
14. 430×4=1720 ; 1720
15. 270×8=2160 ; 2160
16. 660×3=1980 ; 1980
17. 380×9=3420 ; 3420

04 올림이 없는 (세 자리 수)×(한 자리 수)   14~15쪽

1.
$$\begin{array}{r} 1\ 0\ 1 \\ \times \qquad 5 \\ \hline 5\ 0\ 5 \end{array}$$

2.
$$\begin{array}{r} 3\ 1\ 1 \\ \times \qquad 2 \\ \hline 6\ 2\ 2 \end{array}$$

3.
$$\begin{array}{r} 2\ 1\ 3 \\ \times \qquad 2 \\ \hline 4\ 2\ 6 \end{array}$$

4.
$$\begin{array}{r} 1\ 1\ 2 \\ \times \qquad 2 \\ \hline 2\ 2\ 4 \end{array}$$

5.
$$\begin{array}{r} 2\ 2\ 2 \\ \times \qquad 3 \\ \hline 6\ 6\ 6 \end{array}$$

6.
$$\begin{array}{r} 4\ 0\ 3 \\ \times \qquad 2 \\ \hline 8\ 0\ 6 \end{array}$$

7.
$$\begin{array}{r} 1\ 3\ 2 \\ \times \qquad 2 \\ \hline 2\ 6\ 4 \end{array}$$

8.
$$\begin{array}{r} 4\ 4\ 1 \\ \times \qquad 2 \\ \hline 8\ 8\ 2 \end{array}$$

9.
$$\begin{array}{r} 3\ 3\ 2 \\ \times \qquad 3 \\ \hline 9\ 9\ 6 \end{array}$$

10. 933
11. 648
12. 848
13. 663

14. 282	**15.** 333	**16.** 244
17. 688	**18.** 846	**19.** 906
20. 939	**21.** 639	

풀이 참조 ; 9

862	846	848	648	363
484	939	808	688	622
408	663	906	244	996
248	884	642	933	606
826	333	639	282	822

05 일의 자리에서 올림이 있는 (세 자리 수)×(한 자리 수)   16~17쪽

1.
```
    1 1 9
  ×     4
    4 7 6
```
2.
```
    1 0 3
  ×     8
    8 2 4
```
3.
```
    1 1 7
  ×     5
    5 8 5
```
4.
```
    3 2 8
  ×     3
    9 8 4
```
5.
```
    2 1 4
  ×     3
    6 4 2
```
6.
```
    1 1 6
  ×     4
    4 6 4
```
7.
```
    2 1 7
  ×     3
    6 5 1
```
8.
```
    3 3 9
  ×     2
    6 7 8
```
9.
```
    1 2 8
  ×     3
    3 8 4
```

10. 590	**11.** 372	**12.** 676
13. 876	**14.** 896	**15.** 496
16. 942	**17.** 878	**18.** 918

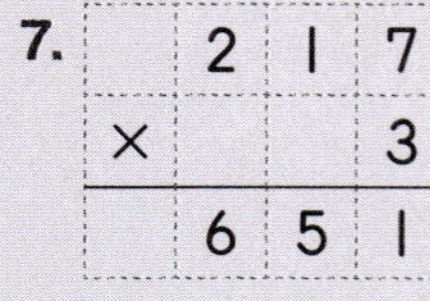

흰색, 검은색, 연주, 악기 ; 피아노

06 십의 자리에서 올림이 있는 (세 자리 수)×(한 자리 수)   18~19쪽

1.
```
    2 3 1
  ×     4
    9 2 4
```
2.
```
    4 5 1
  ×     2
    9 0 2
```
3.
```
    4 9 2
  ×     2
    9 8 4
```
4.
```
    1 6 1
  ×     4
    6 4 4
```
5.
```
    2 7 2
  ×     3
    8 1 6
```
6.
```
    1 9 3
  ×     3
    5 7 9
```
7.
```
    3 8 2
  ×     2
    7 6 4
```
8.
```
    2 5 3
  ×     2
    5 0 6
```
9.
```
    1 9 1
  ×     5
    9 5 5
```

10. 902	**11.** 968
12. 192×4=768	**13.** 352×2=704
14. 131×6=786	**15.** 243×3=729
16. 142×3=426	**17.** 231×4=924

07 백의 자리에서 올림이 있는 (세 자리 수)×(한 자리 수)   20~21쪽

1.
```
    2 1 1
  ×     8
  1 6 8 8
```
2.
```
    5 0 2
  ×     3
  1 5 0 6
```
3.
```
    7 2 4
  ×     2
  1 4 4 8
```
4.
```
    9 1 3
  ×     3
  2 7 3 9
```
5.
```
    6 2 1
  ×     4
  2 4 8 4
```
6.
```
    8 3 2
  ×     3
  2 4 9 6
```

7.

```
    7 0 4
  ×     2
  1 4 0 8
```

8.

```
    5 0 3
  ×     3
  1 5 0 9
```

9.

```
    6 1 4
  ×     2
  1 2 2 8
```

10. 1299
11. 2448
12. 7288

13. 1448 **14.** 3284 **15.** 5499
16. 1536 **17.** 1628 **18.** 3006

빨간 머리, 노란 반바지 ; ③

---

08 집중 연산 ❶ 22~23쪽

1. 2800, 800   **2.** 960, 630
3. 2040, 960   **4.** 282, 642
5. 1284, 546   **6.** 3208, 2048
7. 1599, 984   **8.** 1206, 1866
9. 1200, 1260 **10.** 640, 802
11. 660, 3060 **12.** 540, 933
13. 3005, 540 **14.** 1688, 848
15. 856, 1688 **16.** 800, 755
17. 783, 648

09 집중 연산 ❷ 24~25쪽

1. 1800   **2.** 555   **3.** 996
4. 880   **5.** 886   **6.** 606
7. 704   **8.** 2048   **9.** 4050
10. 1899 **11.** 2793 **12.** 904
13. 590   **14.** 966   **15.** 2169
16. 800, 2400   **17.** 644, 990
18. 444, 682   **19.** 848, 860
20. 804, 669   **21.** 248, 906
22. 984, 902   **23.** 456, 528
24. 1407, 1899 **25.** 2170, 3248

---

2 (세 자리 수)×(한 자리 수) (2)

01 올림이 2번 있는 (세 자리 수)×(한 자리 수)(1) 28~29쪽

1.

```
    4 9 3
  ×     3
  1 4 7 9
```

2.

```
    5 6 1
  ×     9
  5 0 4 9
```

3.

```
    3 7 5
  ×     2
    7 5 0
```

4.

```
    5 1 3
  ×     7
  3 5 9 1
```

5.

```
    7 4 2
  ×     3
  2 2 2 6
```

6.

```
    3 1 6
  ×     4
  1 2 6 4
```

7.

```
    9 5 1
  ×     3
  2 8 5 3
```

8.

```
    6 2 5
  ×     2
  1 2 5 0
```

9.

```
    3 0 9
  ×     5
  1 5 4 5
```

10. 1728 **11.** 1805 **12.** 1702
13. 1716 **14.** 1870 **15.** 2016
16. 2259 **17.** 1848 **18.** 2946
19. 2648 **20.** 625   **21.** 2856

10.

```
     1
   4 3 2
 ×     4
 1 7 2 8
```

12.

```
     1
   8 5 1
 ×     2
 1 7 0 2
```

13.

```
     2
   5 7 2
 ×     3
 1 7 1 6
```

14.

```
     1
   9 3 5
 ×     2
 1 8 7 0
```

15.

```
     2
   6 7 2
 ×     3
 2 0 1 6
```

16.

```
     4
   2 5 1
 ×     9
 2 2 5 9
```

19.

```
     2
   3 3 1
 ×     8
 2 6 4 8
```

20.

```
    1 2
   1 2 5
 ×     5
   6 2 5
```

21.

```
     1
   9 5 2
 ×     3
 2 8 5 6
```

02 올림이 2번 있는 (세 자리 수)×(한 자리 수)(2) 30~31쪽

1. 2184
2. 801
3. 2946
4. 1692
5. 2751
6. 1672
7. 1580
8. 1308
9. 768
10. 2679
11. 3048
12. 1670
13. 651×6=3906
14. 452×4=1808
15. 816×6=4896
16. 571×4=2284
17. 362×4=1448
18. 649×2=1298
19. 442×4=1768
20. 571×8=4568

04 올림이 3번 있는 (세 자리 수)×(한 자리 수)(2) 34~35쪽

1. 1356
2. 5439
3. 4552
4. 2205
5. 2802
6. 1532
7. 4752
8. 3140
9. 2091
10. 4465
11. (위부터) 5496, 6183, 4122
12. (위부터) 1638, 3822, 3276
13. (위부터) 2325, 3100, 6975
14. (위부터) 1952, 8784, 7808

11. 687×8=5496, 687×9=6183
14. 976×2=1952, 976×8=7808

03 올림이 3번 있는 (세 자리 수)×(한 자리 수)(1) 32~33쪽

1.
```
    7 4 6
  ×     4
  2 9 8 4
```
2.
```
    5 4 8
  ×     5
  2 7 4 0
```
3.
```
    6 9 2
  ×     7
  4 8 4 4
```
4.
```
    4 7 6
  ×     3
  1 4 2 8
```
5.
```
    5 6 7
  ×     6
  3 4 0 2
```
6.
```
    3 2 9
  ×     8
  2 6 3 2
```
7.
```
    5 3 6
  ×     8
  4 2 8 8
```
8.
```
    3 6 5
  ×     7
  2 5 5 5
```
9.
```
    9 2 3
  ×     9
  8 3 0 7
```

10. 2718
11. 2832
12. 1860
13. 1946
14. 1920
15. 1737
16. 2241
17. 3780
18. 3654
19. 5067
20. 1712
21. 1480

자전거

05 세 수의 곱셈 36~37쪽

1. (위부터) 696, 232, 696
2. (위부터) 2259, 9, 2259
3. 1812
4. 1512
5. 1056
6. 3088
7. 2853
8. 2385
9. 풀이 참조

9.
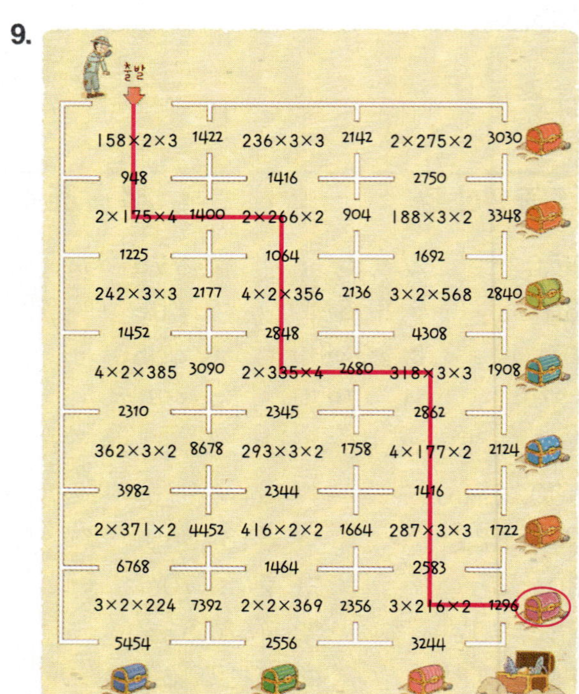

06 집중 연산 ❶ 38~39쪽

1. 744, 1098
2. 1089, 1776, 1188
3. 1692, 2187, 1827
4. 1104, 426, 1970
5. 3304, 636, 1336
6. 1482, 1368, 2883
7. (위부터) 2061, 1545, 3435
8. (위부터) 3213, 1652, 918
9. (위부터) 3390, 2268, 1695
10. (위부터) 7408, 1224, 3704
11. (위부터) 6903, 2268, 4602
12. (위부터) 3456, 2020, 4320
13. (위부터) 3605, 1180, 2575
14. (위부터) 1512, 3030, 2268

07 집중 연산 ❷ 40~41쪽

1. 567	2. 1526	3. 2064
4. 4284	5. 895	6. 2456
7. 2910	8. 6237	9. 5775
10. 3076	11. 3424	12. 2875
13. 3222	14. 8334	15. 6216
16. 1205, 356	17. 891, 1435	
18. 3368, 2919	19. 970, 4146	
20. 1641, 2784	21. 8487, 5824	
22. 1930, 1904	23. 5028, 1938	
24. 1896, 3588	25. 3231, 3985	

3 (두 자리 수)×(두 자리 수)

01 (몇십)×(몇십) 44~45쪽

1. 36	2. 30	3. 1800
4. 1600	5. 5400	6. 5600
7. 2800	8. 2700	9. 3500
10. 7200	11. 2400	12. 3200
13. 2500	14. 4500	15. 6400
16. 4000	17. 4200	18. 4800

02 (몇십몇)×(몇십) 46~47쪽

1.
```
    3 2
×   3 0
  9 6 0
```
2.
```
    2 1
×   4 0
  8 4 0
```
3.
```
    2 3
×   3 0
  6 9 0
```
4.
```
      5 1
×     6 0
  3 0 6 0
```
5.
```
      6 2
×     3 0
  1 8 6 0
```
6.
```
      8 3
×     2 0
  1 6 6 0
```
7.
```
      9 2
×     4 0
  3 6 8 0
```
8.
```
      8 2
×     7 0
  5 7 4 0
```
9.
```
      4 5
×     6 0
  2 7 0 0
```
10. 1280 ; 1280
11. 640 ; 640
12. 910 ; 910
13. 22×50=1100 ; 1100
14. 16×20=320 ; 320
15. 32×70=2240 ; 2240
16. 16×60=960 ; 960
17. 22×70=1540 ; 1540
18. 13×50=650 ; 650

03 (몇십몇)×(몇십몇) (1) 48~49쪽

1.
```
    1 1
  ×　1 8
    8 8
  1 1
  1 9 8
```
2.
```
    2 2
  ×　4 4
    8 8
  8 8
  9 6 8
```
3.
```
    3 1
  ×　1 6
  1 8 6
  3 1
  4 9 6
```

4.
```
    4 7
  ×　1 2
    9 4
  4 7
  5 6 4
```
5.
```
    7 2
  ×　1 3
  2 1 6
  7 2
  9 3 6
```
6.
```
    5 6
  ×　1 4
  2 2 4
  5 6
  7 8 4
```

7.
```
    1 7
  ×　3 3
    5 1
  5 1
  5 6 1
```
8.
```
    3 7
  ×　2 7
  2 5 9
  7 4
  9 9 9
```
9.
```
    2 5
  ×　3 4
  1 0 0
  7 5
  8 5 0
```

10. 121
11. 286
12. 15×22=330
13. 15×14=210
14. 34×17=578
15. 34×28=952
16. 72×11=792
17. 72×13=936

5.
```
    9 4
  ×　7 7
    6 5 8
  6 5 8
  7 2 3 8
```
6.
```
    5 2
  ×　6 7
    3 6 4
  3 1 2
  3 4 8 4
```

7.
```
    6 3
  ×　3 6
    3 7 8
  1 8 9
  2 2 6 8
```
8.
```
    4 7
  ×　6 5
    2 3 5
  2 8 2
  3 0 5 5
```

9.
```
    2 9
  ×　8 4
　 1 1 6
  2 3 2
  2 4 3 6
```

10. 1672
11. 2576
12. 2574
13. 3486
14. 1800
15. 3577
16. 2698
17. 2576
18. 5264
19. 3233

04 (몇십몇)×(몇십몇) (2) 50~51쪽

1.
```
      4 8
  ×　5 6
    2 8 8
  2 4 0
  2 6 8 8
```
2.
```
      1 2
  ×　9 7
      8 4
  1 0 8
  1 1 6 4
```

3.
```
      7 4
  ×　2 8
    5 9 2
  1 4 8
  2 0 7 2
```
4.
```
      8 5
  ×　5 8
    6 8 0
  4 2 5
  4 9 3 0
```

05 세 수의 곱셈 52~53쪽

1. (위부터) 1215, 45, 1215
2. (위부터) 3220, 805, 3220
3. 4284
4. 6084
5. 5616
6. 1638
7. 2496
8. 2664
9. 2028
10. 4256
11. 2808
12. 3724
13. 3045
14. 3096
15. 5985
16. 2187

수수께끼 문을 두드리는 여자는? ; 똑똑한 여자

06 (두 자리 수)×11 　　54~55쪽

1. 7	**2.** 8	**3.** 198
4. 242	**5.** 704	**6.** 979
7. 825	**8.** 1089	**9.** 풀이 참조

9.

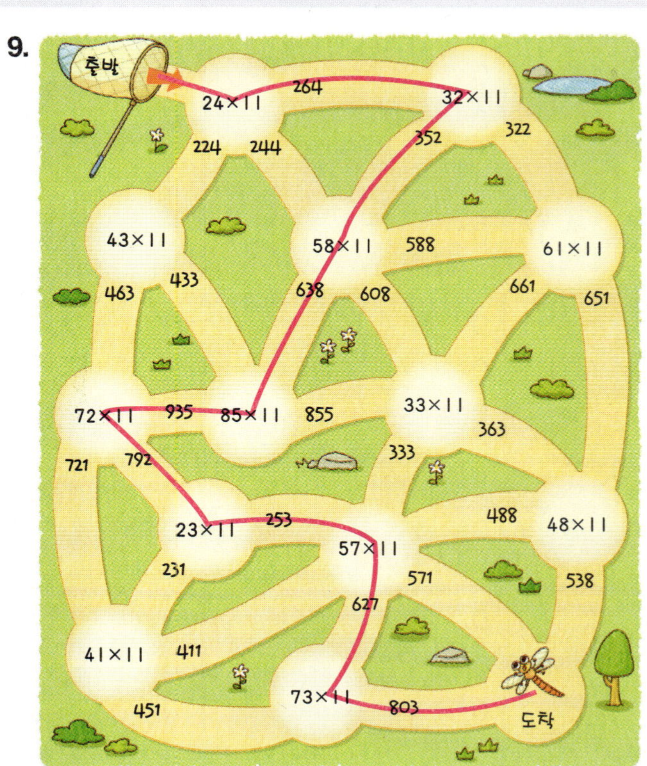

07 십의 자리 숫자가 같고 일의 자리 숫자가 5인 두 자리 수의 곱셈 　　56~57쪽

1. 625	**2.** 2025	**3.** 3025
4. 5625	**5.** 225	**6.** 9025
7. 7225	**8.** 1225	
9. YES에 ◯표	**10.** YES에 ◯표	
11. NO에 ◯표 ; 7225	**12.** YES에 ◯표	
13. YES에 ◯표	**14.** NO에 ◯표 ; 9025	
15. YES에 ◯표	**16.** NO에 ◯표 ; 225	

08 집중 연산 ❶ 　　58~59쪽

1. (위부터) 3000, 3500
2. (위부터) 2550, 720
3. (위부터) 608, 832
4. (위부터) 576, 408
5. (위부터) 2478, 966
6. (위부터) 4275, 2100
7. (위부터) 5766, 3410
8. (위부터) 935, 484

9. 2400, 3200	**10.** 1300, 2340
11. 561, 697	**12.** 1225, 1995
13. 638, 3944	**14.** 1944, 5544
15. 2268, 3024	**16.** 1260, 2025

09 집중 연산 ❷ 　　60~61쪽

1. 4200	**2.** 2400	**3.** 2000
4. 900	**5.** 1920	**6.** 3750
7. 656	**8.** 896	**9.** 988
10. 7656	**11.** 6240	**12.** 3822
13. 2209	**14.** 7225	**15.** 792
16. 1600, 4500	**17.** 2100, 7200	
18. 1040, 1900	**19.** 2940, 2190	
20. 975, 992	**21.** 851, 952	
22. 2668, 1504	**23.** 1800, 3025	
24. 6072, 6290	**25.** 1518, 1350	

24. $23×33×8=6072$, $5×17×74=6290$

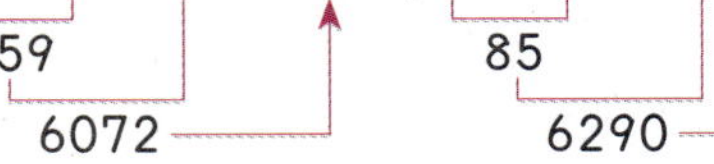

25. $46×11×3=1518$, $15×15×6=1350$

33
1518
90
1350

4 나눗셈 (1)

01 내림이 없는 (몇십)÷(몇) 64~65쪽

1. 10	**2.** 20	**3.** 10
4. 10	**5.** 30	**6.** 20
7. 30	**8.** 20	**9.** 10
10. 10	**11.** 풀이 참조	

1. 20÷2=10
  2÷2=1

2. 60÷3=20
  6÷3=2

6. 80÷4=20
  8÷4=2

10. 80÷8=10
  8÷8=1

11.

쪽지 시험	이름	빅터

범위: 내림이 없는 (몇십)÷(몇)

(1) 80 ÷ 2 = ㊵	(7) 60 ÷ 6 = ⑩
(2) 60 ÷ 3 = ✗ 20	(8) 70 ÷ 7 = ✗ 10
(3) 50 ÷ 5 = ⑩	(9) 40 ÷ 4 = ⑩
(4) 40 ÷ 2 = ⑳	(10) 30 ÷ 3 = ✗ 10
(5) 90 ÷ 3 = ㉚	(11) 80 ÷ 4 = ⑳
(6) 60 ÷ 3 = ✗ 20	(12) 90 ÷ 9 = ⑩

02 내림이 있는 (몇십)÷(몇) 66~67쪽

1.
```
    1 5
4 ) 6 0
    4
    2 0
    2 0
        0
```

2.
```
    1 5
2 ) 3 0
    2
    1 0
    1 0
        0
```

3.
```
    1 2
5 ) 6 0
    5
    1 0
    1 0
        0
```

4.
```
    1 4
5 ) 7 0
    5
    2 0
    2 0
        0
```

5.
```
    1 5
6 ) 9 0
    6
    3 0
    3 0
        0
```

6.
```
    2 5
2 ) 5 0
    4
    1 0
    1 0
        0
```

7. 풀이 참조

7.

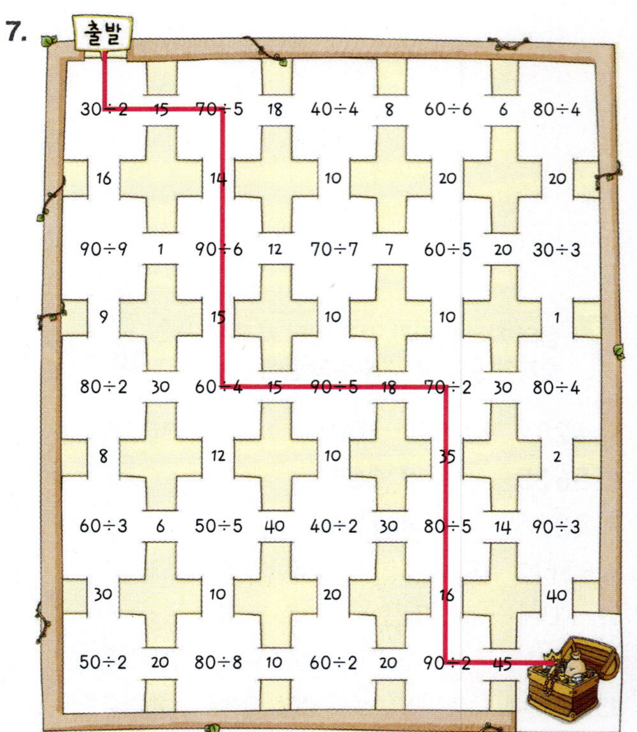

4.

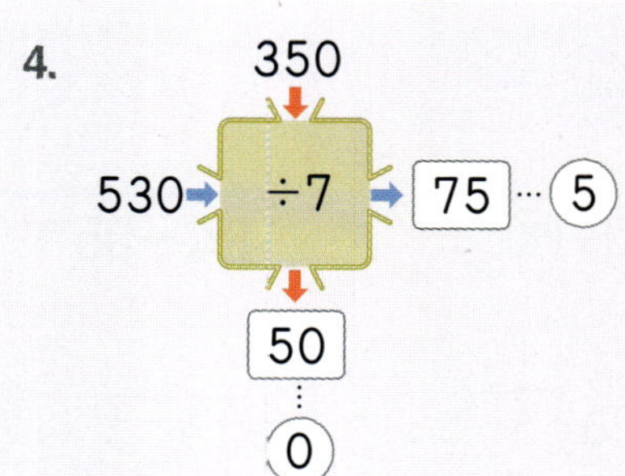

350
530 → ÷7 → [75] … ⑤
[50]
⋮
⓪

5.

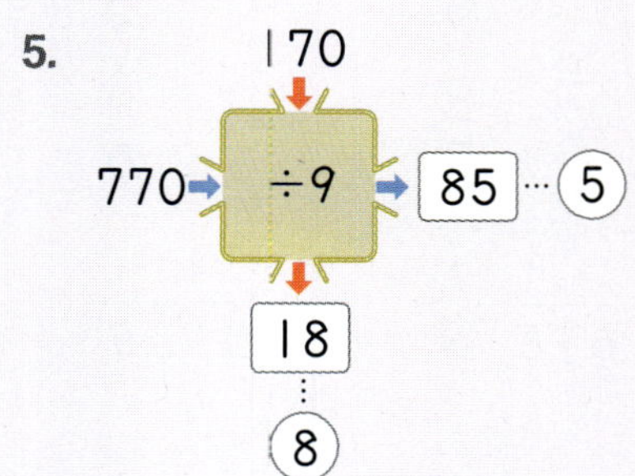

170
770 → ÷9 → [85] … ⑤
[18]
⋮
⑧

6.

```
      70
90  ÷  9  [10] … ⓪
       5
      14
       ⋮
       ⓪
```

7.

```
      80
70  ÷  4  [17] … ②
       7
      11
       ⋮
       ③
```

8.

```
      50
120  ÷  7  [17] … ①
       3
      16
       ⋮
       ②
```

9.

```
      140
420  ÷  8  [52] … ④
       9
      15
       ⋮
       ⑤
```

10.

```
      380
710  ÷  8  [88] … ⑥
       9
      42
       ⋮
       ②
```

11.

```
      570
290  ÷  5  [58] … ⓪
       7
      81
       ⋮
       ③
```

5.

```
     1 8            8 5
  9)1 7 0        9)7 7 0
    9              7 2
    8 0            5 0
    7 2            4 5
      8              5
```

8.

```
     1 6            1 7
  3)5 0          7)1 2 0
    3              7
    2 0            5 0
    1 8            4 9
      2              1
```

10.

```
     4 2            8 8
  9)3 8 0        8)7 1 0
    3 6            6 4
    2 0            7 0
    1 8            6 4
      2              6
```

09 집중 연산 ❷   80~81쪽

1.
```
    3 0
2)6 0
  6
    0
```
2.
```
    2 0
4)8 0
  8
    0
```
3.
```
    1 5
6)9 0
  6
    3 0
    3 0
      0
```
4.
```
    1 1
7)8 0
  7
    1 0
      7
      3
```
5.
```
    2 3
3)7 0
  6
    1 0
      9
      1
```
6.
```
    1 1
8)9 0
  8
    1 0
      8
      2
```
7.
```
    6 6
5)3 3 0
  3 0
    3 0
    3 0
      0
```
8.
```
    8 0
6)4 8 0
  4 8
      0
```
9.
```
    7 0
3)2 1 0
  2 1
      0
```
10.
```
    6 5
4)2 6 0
  2 4
    2 0
    2 0
      0
```
11.
```
    7 5
2)1 5 0
  1 4
    1 0
    1 0
      0
```
12.
```
    9 7
9)8 8 0
  8 1
    7 0
    6 3
      7
```
13.
```
    9 3
8)7 5 0
  7 2
    3 0
    2 4
      6
```
14.
```
    7 5
7)5 3 0
  4 9
    4 0
    3 5
      5
```
15.
```
    4 8
6)2 9 0
  2 4
    5 0
    4 8
      2
```

16. 40, 16
17. 45, 30
18. 12 ··· 6, 26 ··· 2
19. 11 ··· 4, 11 ··· 2
20. 40, 70
21. 36, 65
22. 35, 95
23. 73 ··· 1, 65 ··· 5
24. 77 ··· 2, 14 ··· 4
25. 35 ··· 5, 27 ··· 4

5 나눗셈 (2)

01 내림이 없는 (몇십몇)÷(몇)   84~85쪽

1.
```
    1 2
4)4 8
  4
    8
    8
    0
```
2.
```
    1 1
5)5 5
  5
    5
    5
    0
```
3.
```
    2 1
3)6 3
  6
    3
    3
    0
```
4.
```
    2 3
2)4 6
  4
    6
    6
    0
```
5.
```
    1 1
6)6 6
  6
    6
    6
    0
```
6.
```
    1 1
9)9 9
  9
    9
    9
    0
```

7. 14
8. 11
9. 39÷3=13
10. 66÷6=11
11. 88÷4=22
12. 93÷3=31
13. 86÷2=43
14. 84÷4=21

02 내림이 있는 (몇십몇)÷(몇)   86~87쪽

1.
```
    1 2
6)7 2
  6
    1 2
    1 2
      0
```
2.
```
    2 8
3)8 4
  6
    2 4
    2 4
      0
```
3.
```
    1 2
8)9 6
  8
    1 6
    1 6
      0
```
4.
```
    2 9
2)5 8
  4
    1 8
    1 8
      0
```
5.
```
    1 9
4)7 6
  4
    3 6
    3 6
      0
```
6.
```
    1 7
5)8 5
  5
    3 5
    3 5
      0
```

7. 28, 14, 12
8. 18, 24, 12
9. 24, 16, 12

03 나머지가 있는 (몇십몇)÷(몇)

88~89쪽

1.
$$4)\overline{22} \quad 5, 20, 2$$

2.
$$9)\overline{75} \quad 8, 72, 3$$

3.
$$7)\overline{55} \quad 7, 49, 6$$

4.
$$3)\overline{20} \quad 6, 18, 2$$

5.
$$5)\overline{41} \quad 8, 40, 1$$

6.
$$2)\overline{15} \quad 7, 14, 1$$

7.
$$6)\overline{45} \quad 7, 42, 3$$

8.
$$7)\overline{19} \quad 2, 14, 5$$

9.
$$8)\overline{38} \quad 4, 32, 6$$

10. 8, 2 ; 3, 4 ; $31 \div 7 = 4 \cdots 3$

11. $18 \div 7 = 2 \cdots 4$; $33 \div 8 = 4 \cdots 1$; $29 \div 5 = 5 \cdots 4$

12. $37 \div 4 = 9 \cdots 1$; $62 \div 9 = 6 \cdots 8$; $52 \div 6 = 8 \cdots 4$

11.
$$7)\overline{18} \quad 2, 14, 4$$
$$8)\overline{33} \quad 4, 32, 1$$
$$5)\overline{29} \quad 5, 25, 4$$

12.
$$4)\overline{37} \quad 9, 36, 1$$
$$9)\overline{62} \quad 6, 54, 8$$
$$6)\overline{52} \quad 8, 48, 4$$

04 내림이 없고 나머지가 있는 (몇십몇)÷(몇)

90~91쪽

1.
$$5)\overline{57} \quad 11, 5, 7, 5, 2$$

2.
$$4)\overline{86} \quad 21, 8, 6, 4, 2$$

3.
$$2)\overline{65} \quad 32, 6, 5, 4, 1$$

4.
$$8)\overline{89} \quad 11, 8, 9, 8, 1$$

5.
$$3)\overline{98} \quad 32, 9, 8, 6, 2$$

6.
$$6)\overline{67} \quad 11, 6, 7, 6, 1$$

7.
$$9)\overline{92} \quad 10, 9, 2$$

8.
$$7)\overline{73} \quad 10, 7, 3$$

9.
$$8)\overline{81} \quad 10, 8, 1$$

10.
$$5)\overline{53} \quad 10, 5, 3$$

11.
$$4)\overline{46} \quad 11, 4, 6, 4, 2$$

12.
$$3)\overline{95} \quad 31, 9, 5, 3, 2$$

13.
$$6)\overline{69} \quad 11, 6, 9, 6, 3$$

14.
$$2)\overline{63} \quad 31, 6, 3, 2, 1$$

15.
$$5)\overline{58} \quad 11, 5, 8, 5, 3$$

16.
$$3)\overline{34} \quad 11, 3, 4, 3, 1$$

17.
$$6)\overline{68} \quad 11, 6, 8, 6, 2$$

18.
$$7)\overline{79} \quad 11, 7, 9, 7, 2$$

19.
$$2)\overline{69} \quad 34, 6, 9, 8, 1$$

20.
$$3)\overline{98} \quad 32, 9, 8, 6, 2$$

21.
$$4)\overline{87} \quad 21, 8, 7, 4, 3$$

수수께끼 전화위복

05 내림이 있고 나머지가 있는 (몇십몇)÷(몇)

92~93쪽

1.
```
     2 7
  2 )5 5
     4
     1 5
     1 4
         1
```

2.
```
     1 9
  4 )7 7
     4
     3 7
     3 6
         1
```

3.
```
       1 4
  6 )8 7
     6
     2 7
     2 4
         3
```

4.
```
     2 5
  3 )7 6
     6
     1 6
     1 5
         1
```

5.
```
     1 3
  7 )9 4
     7
     2 4
     2 1
         3
```

6.
```
       1 4
  4 )5 9
     4
     1 9
     1 6
         3
```

7. 25, 1, 1 ; 15, 1, 1
8. 82÷5=16 ⋯ 2, 2 ; 82÷7=11 ⋯ 5, 5
9. 94÷4=23 ⋯ 2, 2 ; 94÷6=15 ⋯ 4, 4
10. 83÷3=27 ⋯ 2, 2 ; 83÷7=11 ⋯ 6, 6

06 내림이 없는 (세 자리 수)÷(한 자리 수)

94~95쪽

1. 121
2. 102
3. 413
4. 321
5. 101
6. 211
7. 123
8. 324
9. 122
10. 232
11. 212
12. 341
13. 639÷3=213
14. 428÷2=214
15. 606÷6=101
16. 846÷2=423
17. 288÷2=144
18. 939÷3=313

07 내림이 있고 나머지가 없는 (세 자리 수)÷(한 자리 수)

96~97쪽

1.
```
     1 7 6
  4 )7 0 4
     4
     3 0
     2 8
       2 4
       2 4
         0
```

2.
```
     1 9 5
  5 )9 7 5
     5
     4 7
     4 5
       2 5
       2 5
         0
```

3.
```
     2 9 6
  3 )8 8 8
     6
     2 8
     2 7
       1 8
       1 8
         0
```

4.
```
     3 7 8
  2 )7 5 6
     6
     1 5
     1 4
       1 6
       1 6
         0
```

5.
```
     1 2 4
  8 )9 9 2
     8
     1 9
     1 6
       3 2
       3 2
         0
```

6.
```
     2 4 3
  4 )9 7 2
     8
     1 7
     1 6
       1 2
       1 2
         0
```

7. 154
8. 168
9. 123
10. 144
11. 256
12. 234
13. 199
14. 177
15. 356

연상퀴즈 여름, 얼음, 연유, 젤리, 팥 ; 팥빙수

08 내림이 있고 나머지가 있는 (세 자리 수)÷(한 자리 수)

98~99쪽

1.

$$5)\overline{876} = 175 \cdots 1$$

2.

$$7)\overline{955} = 136 \cdots 3$$

3.

$$2)\overline{573} = 286 \cdots 1$$

4.

$$3)\overline{587} = 195 \cdots 2$$

5.

$$8)\overline{953} = 119 \cdots 1$$

6.

$$4)\overline{777} = 194 \cdots 1$$

7. 234, 1 ; 1

8. 156, 1 ; 1

9. $533 \div 3 = 177 \cdots 2$, 2

10. $533 \div 4 = 133 \cdots 1$, 1

11. $626 \div 4 = 156 \cdots 2$, 2

12. $626 \div 5 = 125 \cdots 1$, 1

13. $961 \div 5 = 192 \cdots 1$, 1

14. $961 \div 7 = 137 \cdots 2$, 2

09 검산하기

100~101쪽

1. 12 ; $4 \times 12 = 48$

2. 19 ; $3 \times 19 = 57$

3. 3, 6 ; $7 \times 3 + 6 = 27$

4. 32, 2 ; $3 \times 32 + 2 = 98$

5. 18, 2 ; $4 \times 18 + 2 = 74$

6. 324 ; $2 \times 324 = 648$

7. 135 ; $5 \times 135 = 675$

8. 132, 2 ; $6 \times 132 + 2 = 794$

9. 6, 7 ; $8 \times 6 + 7 = 55$

10. 14, 4 ; $6 \times 14 + 4 = 88$

11. 17, 3 ; $5 \times 17 + 3 = 88$

12. 13, 5 ; $7 \times 13 + 5 = 96$

13. 163, 1 ; $2 \times 163 + 1 = 327$

14. 141, 2 ; $4 \times 141 + 2 = 566$

15. 106, 8 ; $9 \times 106 + 8 = 962$

16. 124, 6 ; $8 \times 124 + 6 = 998$

화장품

10 집중 연산 ❶

102~103쪽

1. (위부터) 32, 0 ; 16, 0

2. (위부터) 32, 0 ; 16, 0

3. (위부터) 7, 3 ; 11, 1

4. (위부터) 8, 1 ; 11, 2

5. (위부터) 14, 3 ; 21, 3

6. (위부터) 121, 0 ; 242, 0

7. (위부터) 128, 0 ; 85, 3

8. (위부터) 277, 0 ; 118, 5

9.

	48		
68	÷4	17	0
	12		
	0		

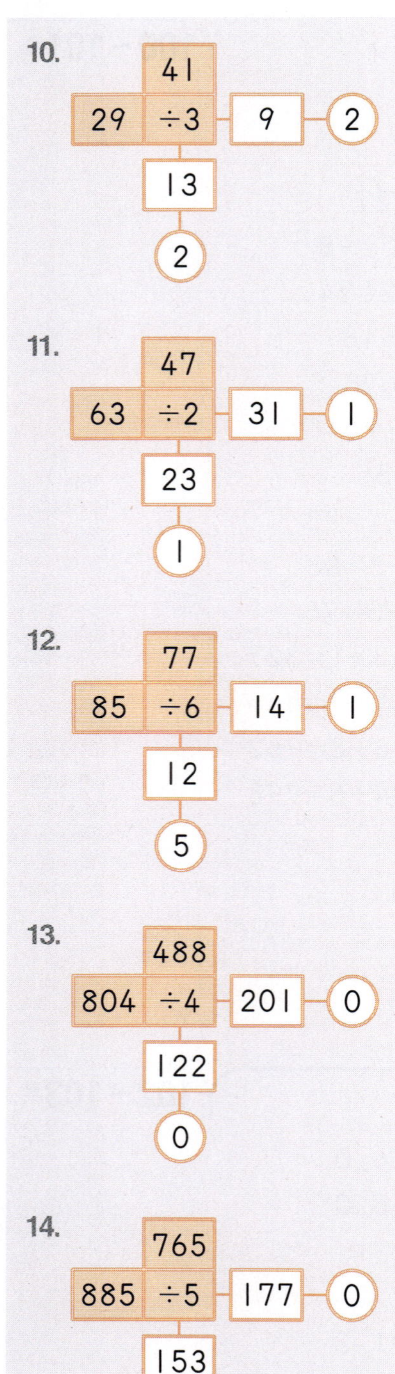

10.
41
29 ÷3 → 9 → 2
13
2

11.
47
63 ÷2 → 31 → 1
23
1

12.
77
85 ÷6 → 14 → 1
12
5

13.
488
804 ÷4 → 201 → 0
122
0

14.
765
885 ÷5 → 177 → 0
153
0

15.
828
946 ÷7 → 135 → 1
118
2

11 집중 연산 ❷　104~105쪽

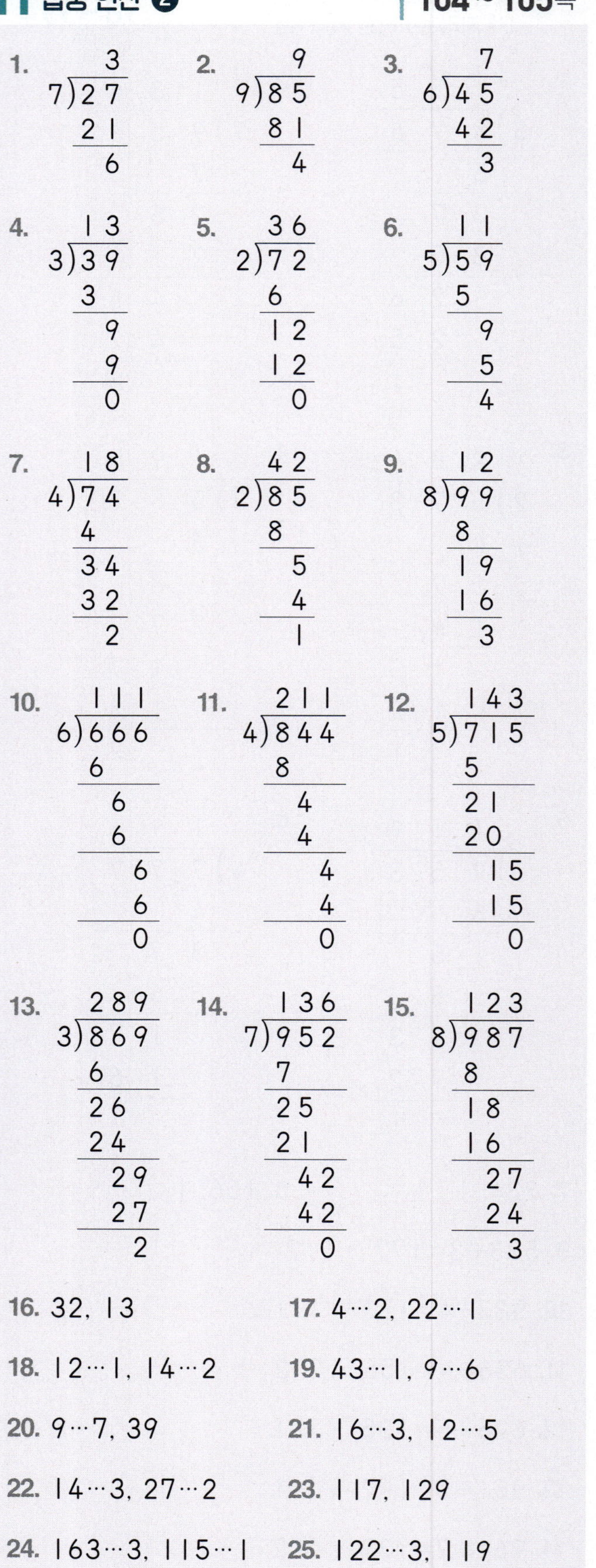

16. 32, 13

17. 4…2, 22…1

18. 12…1, 14…2

19. 43…1, 9…6

20. 9…7, 39

21. 16…3, 12…5

22. 14…3, 27…2

23. 117, 129

24. 163…3, 115…1

25. 122…3, 119

6 분수의 합과 차

01 진분수, 가분수, 대분수　108~109쪽

1. 가　2. 진　3. 대　4. 진
5. 가　6. 대　7. 대　8. 가
9. 진　10. 대　11. 진　12. 가

13. (, 3)

$\frac{5}{5}$	$\frac{5}{8}$	$\frac{7}{10}$	$\frac{3}{4}$	$1\frac{2}{3}$
$\frac{7}{6}$	$7\frac{2}{3}$	$\frac{5}{3}$	$\frac{2}{6}$	$5\frac{1}{2}$
$\frac{5}{2}$	$\frac{3}{6}$	$\frac{1}{2}$	$\frac{1}{3}$	$\frac{7}{5}$
$3\frac{2}{5}$	$1\frac{1}{10}$	$5\frac{2}{6}$	$\frac{6}{7}$	$7\frac{2}{8}$
$\frac{20}{9}$	$\frac{2}{7}$	$\frac{10}{11}$	$\frac{5}{9}$	$2\frac{1}{3}$

14. (, 5)

$\frac{1}{9}$	$\frac{5}{2}$	$\frac{3}{3}$	$\frac{10}{6}$	$1\frac{6}{9}$
$3\frac{1}{2}$	$\frac{20}{7}$	$5\frac{5}{6}$	$\frac{5}{7}$	$6\frac{4}{5}$
$\frac{3}{4}$	$\frac{9}{5}$	$\frac{8}{8}$	$\frac{7}{7}$	$7\frac{2}{3}$
$\frac{3}{8}$	$6\frac{1}{2}$	$\frac{10}{12}$	$\frac{9}{3}$	$10\frac{12}{13}$
$\frac{11}{15}$	$\frac{50}{9}$	$\frac{44}{7}$	$\frac{11}{2}$	$\frac{1}{9}$

15. (, 0)

$\frac{2}{3}$	$3\frac{2}{3}$	$4\frac{1}{8}$	$7\frac{3}{5}$	$\frac{11}{2}$
$\frac{12}{5}$	$1\frac{3}{8}$	$\frac{3}{7}$	$6\frac{3}{7}$	$\frac{5}{7}$
$\frac{5}{9}$	$4\frac{1}{3}$	$\frac{1}{8}$	$2\frac{9}{10}$	$\frac{5}{8}$
$\frac{15}{6}$	$3\frac{2}{7}$	$\frac{10}{7}$	$5\frac{4}{6}$	$\frac{3}{11}$
$\frac{2}{7}$	$2\frac{2}{9}$	$4\frac{5}{8}$	$2\frac{2}{5}$	$\frac{12}{7}$

02 대분수를 가분수로 나타내기　110~111쪽

1. $\frac{4}{3}$　2. $\frac{7}{2}$　3. $\frac{12}{5}$　4. $\frac{11}{7}$
5. $\frac{14}{3}$　6. $\frac{11}{4}$　7. $\frac{20}{6}$　8. $\frac{21}{8}$
9. $\frac{24}{5}$　10. $\frac{13}{2}$　11. $\frac{23}{3}$　12. $\frac{33}{4}$
13. $\frac{33}{5}$　14. $\frac{14}{4}$　15. $\frac{35}{8}$　16. $\frac{11}{5}$
17. $\frac{40}{7}$　18. $\frac{16}{9}$　19. $\frac{26}{8}$　20. $\frac{25}{4}$
21. $\frac{23}{3}$　22. $\frac{10}{6}$

03 가분수를 대분수로 나타내기　112~113쪽

1. $2\frac{1}{4}$　2. $3\frac{1}{2}$　3. $1\frac{3}{5}$
4. $5\frac{1}{3}$　5. $4\frac{4}{6}$　6. $7\frac{2}{4}$
7. $6\frac{3}{5}$　8. $2\frac{6}{7}$　9. $8\frac{1}{2}$
10. $5\frac{6}{8}$　11. $8\frac{1}{3}$　12. $5\frac{5}{9}$
13. $3\frac{3}{4}$　14. $8\frac{1}{3}$　15. $4\frac{1}{2}$
16. $2\frac{3}{5}$　17. $7\frac{2}{3}$　18. $6\frac{4}{6}$
19. $2\frac{5}{7}$　20. $7\frac{4}{8}$

04 두 분수의 크기 비교　114~115쪽

1. $=$　2. $<$　3. $>$
4. $<$　5. $>$　6. $=$
7. $<$　8. $<$　9. $>$
10. $>$　11. 풀이 참조

1~10. 대분수를 가분수로 나타내거나 가분수를 대분수로 나타내 크기를 비교합니다.

11.

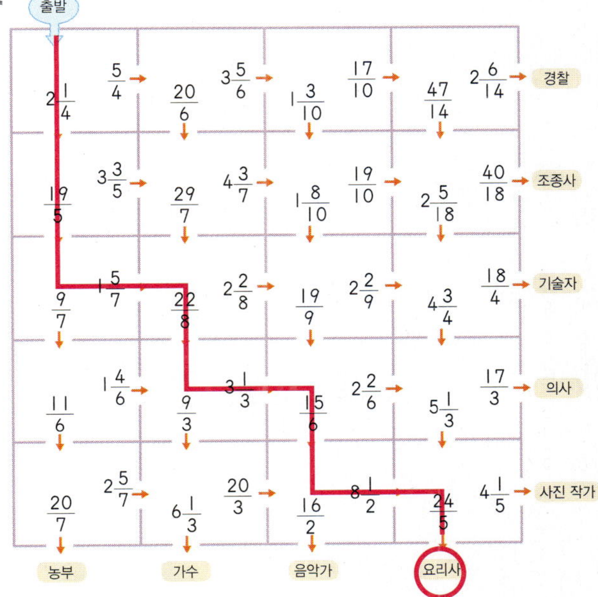

05 (진분수) + (진분수)   116~117쪽

1. 3
2. 7
3. $\dfrac{6}{9}$
4. $\dfrac{17}{22}$
5. $\dfrac{9}{11}$
6. $\dfrac{32}{33}$
7. $1\dfrac{5}{15}$
8. $1\dfrac{1}{27}$
9. $1\dfrac{6}{19}$
10. $1\dfrac{2}{45}$
11. $\dfrac{10}{13}$
12. $\dfrac{9}{12}$
13. $\dfrac{16}{18}$
14. $\dfrac{19}{20}$
15. $\dfrac{6}{9}$
16. $\dfrac{8}{12}$
17. $1\dfrac{4}{24}$
18. $1\dfrac{9}{18}$
19. $1\dfrac{2}{9}$
20. $\dfrac{11}{15}$
21. $1\dfrac{7}{20}$

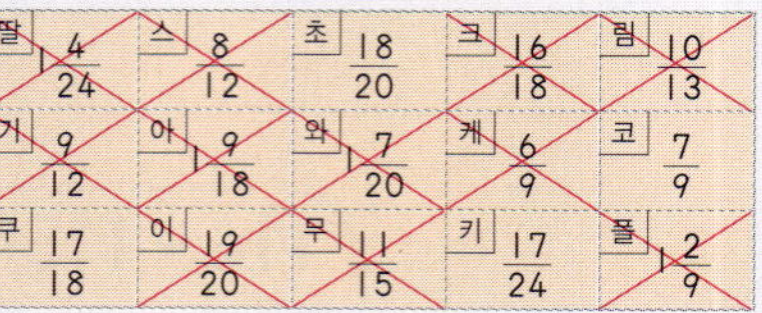

; 초코쿠키

7. $\dfrac{9}{15}+\dfrac{11}{15}=\dfrac{20}{15}=1\dfrac{5}{15}$

06 (가분수) + (가분수)   118~119쪽

1. $5\dfrac{2}{3}$
2. $2\dfrac{4}{5}$
3. $2\dfrac{2}{9}$
4. $3\dfrac{4}{7}$
5. $5\dfrac{6}{8}$
6. $3\dfrac{3}{12}$
7. $2\dfrac{7}{16}$
8. $2\dfrac{11}{15}$
9. $2\dfrac{3}{21}$
10. $2\dfrac{2}{28}$
11. $3\dfrac{1}{4}$
12. $5\dfrac{2}{3}$
13. $2\dfrac{6}{7}$
14. $3\dfrac{7}{9}$
15. $3\dfrac{4}{6}$
16. $5\dfrac{4}{5}$
17. $2\dfrac{2}{8}$
18. $2\dfrac{9}{10}$
19. $3\dfrac{2}{4}$
20. $3\dfrac{4}{5}$

1. $\dfrac{7}{3}+\dfrac{10}{3}=\dfrac{17}{3}=5\dfrac{2}{3}$

07 (진분수) − (진분수)   120~121쪽

1. $\dfrac{1}{3}$
2. $\dfrac{5}{10}$
3. $\dfrac{1}{4}$
4. $\dfrac{3}{6}$
5. $\dfrac{4}{9}$
6. $\dfrac{2}{7}$
7. $\dfrac{1}{8}$
8. $\dfrac{2}{15}$
9. $\dfrac{8}{22}$
10. $\dfrac{13}{36}$
11. $\dfrac{5}{8},\dfrac{3}{8},\dfrac{2}{8}$
12. $\dfrac{2}{12},\dfrac{1}{12},\dfrac{7}{12}$
13. $\dfrac{7}{16},\dfrac{4}{16},\dfrac{5}{16}$
14. $\dfrac{9}{20},\dfrac{5}{20},\dfrac{6}{20}$

십중팔구

08 (가분수) − (진분수)   122~123쪽

1. $\dfrac{3}{5}$
2. $\dfrac{4}{6}$
3. $\dfrac{3}{4}$
4. $\dfrac{7}{8}$
5. $\dfrac{6}{11}$
6. $\dfrac{4}{9}$
7. $\dfrac{9}{13}$
8. $\dfrac{10}{17}$
9. $\dfrac{12}{23}$
10. $\dfrac{11}{26}$
11. $2\dfrac{7}{8}$
12. $1\dfrac{6}{8}$
13. $2\dfrac{7}{8}$
14. $2\dfrac{5}{8}$
15. $1\dfrac{7}{8}$
16. $2\dfrac{4}{8}$
17. $3\dfrac{1}{8}$
18. $1\dfrac{4}{8}$

11. $\dfrac{27}{8}-\dfrac{4}{8}=\dfrac{23}{8}=2\dfrac{7}{8}$

18. $\dfrac{19}{8}-\dfrac{7}{8}=\dfrac{12}{8}=1\dfrac{4}{8}$

09 집중 연산 ❶ 124~125쪽

1. $\dfrac{5}{6}$, $1\dfrac{1}{6}$ 2. $\dfrac{5}{8}$, $1\dfrac{1}{8}$, $\dfrac{7}{8}$

3. $\dfrac{9}{10}$, $\dfrac{7}{10}$, $1\dfrac{1}{10}$ 4. $\dfrac{12}{15}$, $1\dfrac{4}{15}$, $\dfrac{14}{15}$

5. $3\dfrac{1}{5}$, 3, $3\dfrac{4}{5}$ 6. $2\dfrac{5}{7}$, $3\dfrac{1}{7}$, $2\dfrac{3}{7}$

7. $2\dfrac{2}{12}$, $2\dfrac{11}{12}$, $2\dfrac{7}{12}$ 8. $2\dfrac{13}{16}$, $2\dfrac{4}{16}$, $3\dfrac{12}{16}$

9. (위부터) $\dfrac{1}{8}$; $\dfrac{2}{8}$, $\dfrac{1}{8}$

10. (위부터) $\dfrac{5}{25}$; $\dfrac{9}{25}$, $\dfrac{4}{25}$

11. (위부터) $\dfrac{14}{40}$; $\dfrac{5}{40}$, $\dfrac{19}{40}$

12. (위부터) $\dfrac{2}{9}$; $\dfrac{6}{9}$, $\dfrac{4}{9}$

13. (위부터) $\dfrac{3}{15}$; $\dfrac{9}{15}$, $\dfrac{12}{15}$

14. (위부터) $\dfrac{11}{38}$; $\dfrac{27}{38}$, $\dfrac{16}{38}$

10 집중 연산 ❷ 126~127쪽

1. $1\dfrac{4}{5}$ 2. $\dfrac{23}{10}$ 3. $1\dfrac{3}{4}$

4. $\dfrac{21}{6}$ 5. $2\dfrac{6}{7}$ 6. $\dfrac{48}{11}$

7. $8\dfrac{1}{3}$ 8. $\dfrac{47}{9}$ 9. $4\dfrac{5}{8}$

10. $>$ 11. $=$ 12. $>$

13. $<$ 14. $>$ 15. $<$

16. $=$ 17. $<$ 18. $>$

19. $\dfrac{15}{16}$, $\dfrac{19}{21}$ 20. $\dfrac{3}{10}$, $\dfrac{6}{13}$ 21. $\dfrac{28}{40}$, $\dfrac{23}{31}$

22. $\dfrac{11}{24}$, $\dfrac{10}{11}$ 23. $\dfrac{35}{50}$, $1\dfrac{9}{10}$ 24. $\dfrac{19}{20}$, $\dfrac{37}{46}$

25. $2\dfrac{9}{24}$, $1\dfrac{7}{18}$ 26. $1\dfrac{6}{15}$, $\dfrac{5}{39}$

27. $\dfrac{10}{20}$, $3\dfrac{10}{25}$ 28. $1\dfrac{3}{25}$, $1\dfrac{7}{48}$

7 들이의 합과 차

01 mL와 L 사이의 관계 130~131쪽

1. 2000   2. 5   3. 3600
4. 4, 200   5. 4700   6. 3, 150
7. 9200   8. 5, 5   9. 10050
10. 31, 310
11. 2500, 5050, 5200
12. 8, 8 ; 6, 400 ; 4, 800 ; 5, 500

02 받아올림이 없는 들이의 합 132~133쪽

1.
	1 L	300 mL
+	2 L	100 mL
	3 L	400 mL

2.
	2 L	200 mL
+	2 L	500 mL
	4 L	700 mL

3.
	3 L	400 mL
+	1 L	200 mL
	4 L	600 mL

4.
	2 L	500 mL
+	5 L	300 mL
	7 L	800 mL

5.
	3 L	100 mL
+	3 L	800 mL
	6 L	900 mL

6.
	4 L	200 mL
+	2 L	200 mL
	6 L	400 mL

7.
	11 L	620 mL
+	6 L	340 mL
	17 L	960 mL

8.
	7 L	230 mL
+		490 mL
	7 L	720 mL

9.
	5 L	160 mL
+	8 L	580 mL
	13 L	740 mL

10. 2, 300   11. 2, 700   12. 5, 600
13. 3, 700   14. 2, 700   15. 3, 800
16. 6, 640   17. 7, 500   18. 6, 950

03 받아올림이 있는 들이의 합　134~135쪽

1.
```
    2 L 300 mL
+   5 L 800 mL
    8 L 100 mL
```

2.
```
    1 L 400 mL
+   4 L 900 mL
    6 L 300 mL
```

3.
```
    6 L 800 mL
+   1 L 600 mL
    8 L 400 mL
```

4.
```
    5 L 900 mL
+   3 L 700 mL
    9 L 600 mL
```

5.
```
    4 L 700 mL
+   4 L 400 mL
    9 L 100 mL
```

6.
```
    3 L 600 mL
+   8 L 900 mL
   12 L 500 mL
```

7.
```
    7 L 570 mL
+   6 L 970 mL
   14 L 540 mL
```

8.
```
    9 L 860 mL
+        890 mL
   10 L 750 mL
```

9.
```
    5 L 750 mL
+   5 L 680 mL
   11 L 430 mL
```

10. 10, 200　11. 4, 380　12. 6, 280

13. 4, 650　14. 3, 430　15. 7, 80

16. 7, 500　17. 7, 350

10.
```
    5 L 500 mL
+   4 L 700 mL
   10 L 200 mL
```

13.
```
    2 L 800 mL
+   1 L 850 mL
    4 L 650 mL
```

14.
```
    1 L 580 mL
+   1 L 850 mL
    3 L 430 mL
```

17.
```
    5 L 500 mL
+   1 L 850 mL
    7 L 350 mL
```

04 받아내림이 없는 들이의 차　136~137쪽

1.
```
    2 L 200 mL
−   1 L 100 mL
    1 L 100 mL
```

2.
```
    3 L 600 mL
−   1 L 200 mL
    2 L 400 mL
```

3.
```
    5 L 800 mL
−   2 L 300 mL
    3 L 500 mL
```

4.
```
    4 L 300 mL
−   2 L 100 mL
    2 L 200 mL
```

5.
```
    6 L 700 mL
−   5 L 200 mL
    1 L 500 mL
```

6.
```
    7 L 800 mL
−   4 L 500 mL
    3 L 300 mL
```

7.
```
   10 L 960 mL
−   3 L 230 mL
    7 L 730 mL
```

8.
```
   12 L 820 mL
−        550 mL
   12 L 270 mL
```

9.
```
   18 L 600 mL
−  14 L 450 mL
    4 L 150 mL
```

10. 1, 100　11. 1, 300　12. 3, 500

13. 2, 600　14. 5, 120　15. 4, 160

16. 8, 110　17. 8, 140

11.
```
    4 L 600 mL
−   3 L 300 mL
    1 L 300 mL
```

13.
```
    8 L 900 mL
−   6 L 300 mL
    2 L 600 mL
```

14.
```
    7 L 470 mL
−   2 L 350 mL
    5 L 120 mL
```

16.
```
   12 L 740 mL
−   4 L 630 mL
    8 L 110 mL
```

05 받아내림이 있는 들이의 차 　138~139쪽

1.

	L	mL
	4	200
−	1	500
	2	700

2.

	L	mL
	5	300
−	3	800
	1	500

3.

	L	mL
	6	600
−	2	900
	3	700

4.

	L	mL
	7	100
−	3	300
	3	800

5.

	L	mL
	8	200
−	4	770
	3	430

6.

	L	mL
	10	340
−	5	590
	4	750

7.

	L	mL
	16	530
−	7	800
	8	730

8.

	L	mL
	20	170
−		640
	19	530

9.

	L	mL
	12	330
−	2	590
	9	740

10. 5, 700　**11.** 1, 400　**12.** 2, 500
13. 2, 600　**14.** 4, 700　**15.** 1, 720
16. 6, 680　**17.** 1, 520

06 세 들이의 합 　140~141쪽

1. 6, 500　**2.** 6, 900　**3.** 7, 400
4. 9, 200　**5.** 10, 930　**6.** 7, 680
7. 4, 570　**8.** 6, 250　**9.** 5, 800
10. 5, 20　**11.** 5, 570　**12.** 5, 350
13. 5, 250　**14.** 5, 470

07 세 들이의 차 　142~143쪽

1. 2, 200　**2.** 1, 700　**3.** 2, 300
4. 1, 800　**5.** 4, 270　**6.** 2, 460
7. 1, 100　**8.** 3, 400　**9.** 1, 800
10. 4, 500　**11.** 1, 330　**12.** 3, 280
13. 2, 40　**14.** 1, 680

08 세 들이의 합과 차 (1) 　144~145쪽

1. 4, 100　**2.** 3, 500
3. 4, 700　**4.** 5, 200
5. 4, 730　**6.** 5, 340
7. 3 L 500 mL　**8.** 5 L 100 mL
9. 6 L 300 mL　**10.** 6 L 500 mL
11. 7 L 500 mL　**12.** 5 L 100 mL
13. 2 L 800 mL　**14.** 4 L 800 mL

계륵

09 세 들이의 합과 차 (2) 　146~147쪽

1. 7, 200　**2.** 4, 700
3. 6, 300　**4.** 5, 700
5. 8, 520　**6.** 5, 660
7. 풀이 참조

7.

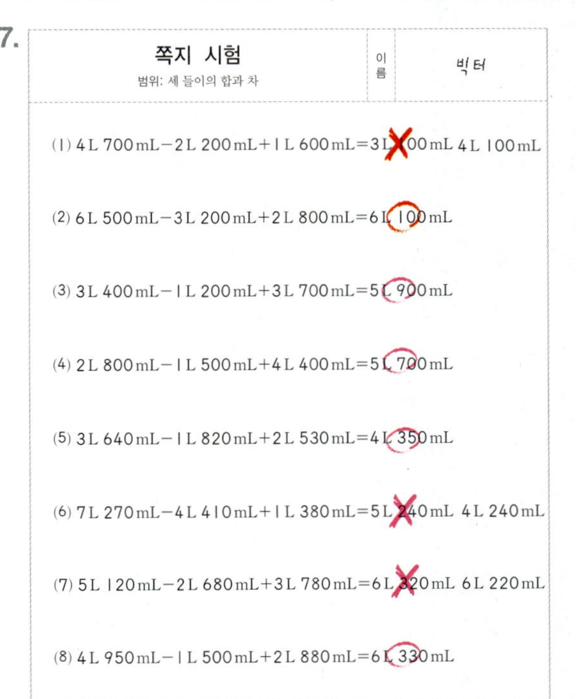

10 집중 연산 ❶　148~149쪽

1. 5 L 200 mL
2. (위부터) 4 L 500 mL, 4 L 100 mL
3. (위부터) 8 L 600 mL, 4 L 900 mL
4. (위부터) 5 L 200 mL, 7 L 300 mL
5. (위부터) 4 L 980 mL, 7 L 440 mL
6. (위부터) 17 L 830 mL, 18 L 260 mL
7. (위부터) 15 L 430 mL, 28 L 940 mL
8. (위부터) 41 L 770 mL, 62 L 750 mL
9. 400 mL
10. (위부터) 1 L 700 mL, 6 L 800 mL
11. (위부터) 900 mL, 8 L 300 mL
12. (위부터) 5 L 100 mL, 1 L 300 mL
13. (위부터) 1 L 900 mL, 1 L 900 mL
14. (위부터) 3 L 550 mL, 5 L 950 mL
15. (위부터) 3 L 570 mL, 1 L 60 mL
16. (위부터) 5 L 440 mL, 3 L 800 mL

11 집중 연산 ❷　150~151쪽

1. 5 L 500 mL
2. 7 L 600 mL
3. 7 L 200 mL
4. 4 L 600 mL
5. 7 L 310 mL
6. 9 L 650 mL
7. 7 L 600 mL
8. 31 L 560 mL
9. 55 L 450 mL
10. 2 L 400 mL
11. 3 L 500 mL
12. 3 L 200 mL
13. 4 L 570 mL
14. 6 L 480 mL
15. 15 L 580 mL
16. 3 L 600 mL
17. 8 L 400 mL
18. 4 L 520 mL
19. 8 L 730 mL
20. 2 L 100 mL
21. 1 L 400 mL
22. 3 L 170 mL
23. 1 L 660 mL
24. 12 L 100 mL
25. 3 L 890 mL
26. 5 L 320 mL
27. 14 L 440 mL

8 무게의 합과 차

01 g, kg, t의 관계　154~155쪽

1. 2000
2. 4
3. 5000
4. 7
5. 2400
6. 2, 300
7. 6070
8. 3
9. 4200
10. 9, 700
11. 3000, 5200, 10010, 6020
12. 7000, 3500, 9100, 6800

02 받아올림이 없는 무게의 합　156~157쪽

1.　　4 kg 500 g
　+　1 kg 300 g
　　　5 kg 800 g

2.　　2 kg 400 g
　+　3 kg 100 g
　　　5 kg 500 g

3.　　3 kg 300 g
　+　3 kg 200 g
　　　6 kg 500 g

4.　　4 kg 200 g
　+　1 kg 700 g
　　　5 kg 900 g

5.　　5 kg 400 g
　+　3 kg 200 g
　　　8 kg 600 g

6.　　2 kg 100 g
　+　6 kg 700 g
　　　8 kg 800 g

7.　　12 kg 530 g
　+　3 kg 250 g
　　　15 kg 780 g

8.　　13 kg 290 g
　+　　　660 g
　　　13 kg 950 g

9.　　7 kg 170 g
　+　9 kg 440 g
　　　16 kg 610 g

10. 6, 620
11. 5, 820
12. 3, 650
13. 2, 570
14. 3, 370
15. 2, 520
16. 5, 770
17. 2, 850

03 받아올림이 있는 무게의 합 158~159쪽

1.

	2 kg	400 g
+	1 kg	800 g
	4 kg	200 g

2.

	6 kg	500 g
+	2 kg	700 g
	9 kg	200 g

3.

	3 kg	900 g
+	5 kg	600 g
	9 kg	500 g

4.

	4 kg	700 g
+	3 kg	800 g
	8 kg	500 g

5.

	5 kg	600 g
+	1 kg	700 g
	7 kg	300 g

6.

	6 kg	400 g
+	4 kg	900 g
	11 kg	300 g

7.

	8 kg	280 g
+	4 kg	980 g
	13 kg	260 g

8.

	6 kg	530 g
+		670 g
	7 kg	200 g

9.

	9 kg	880 g
+	6 kg	750 g
	16 kg	630 g

10. 15, 360   **11.** 12, 10   **12.** 14, 150
13. 16, 450   **14.** 10, 450   **15.** 12, 620
16. 9, 270   **17.** 19, 60

04 받아내림이 없는 무게의 차 160~161쪽

1.

	3 kg	900 g
−	1 kg	400 g
	2 kg	500 g

2.

	5 kg	800 g
−	2 kg	200 g
	3 kg	600 g

3.

	6 kg	700 g
−	4 kg	500 g
	2 kg	200 g

4.

	4 kg	600 g
−	1 kg	300 g
	3 kg	300 g

5.

	7 kg	800 g
−	3 kg	500 g
	4 kg	300 g

6.

	6 kg	700 g
−	1 kg	300 g
	5 kg	400 g

7.

	11 kg	700 g
−	2 kg	420 g
	9 kg	280 g

8.

	17 kg	930 g
−		760 g
	17 kg	170 g

9.

	12 kg	800 g
−	5 kg	550 g
	7 kg	250 g

10. 9, 600   **11.** 7, 170   **12.** 8, 240
13. 6, 180   **14.** 16, 460   **15.** 7, 170

05 받아내림이 있는 무게의 차 162~163쪽

1.

	7 kg	200 g
−	4 kg	300 g
	2 kg	900 g

2.

	6 kg	400 g
−	1 kg	700 g
	4 kg	700 g

3.

	9 kg	500 g
−	6 kg	800 g
	2 kg	700 g

4.

	5 kg	200 g
−	2 kg	600 g
	2 kg	600 g

5.

	9 kg	200 g
−	2 kg	850 g
	6 kg	350 g

6.

	10 kg	450 g
−	3 kg	700 g
	6 kg	750 g

7.

	14 kg	320 g
−	6 kg	500 g
	7 kg	820 g

8.

	13 kg	270 g
−		400 g
	12 kg	870 g

9.

	11 kg	120 g
−	3 kg	200 g
	7 kg	920 g

10. 6, 710   **11.** 21, 800   **12.** 58, 680
13. 34, 450   **14.** 8, 900   **15.** 30, 940
16. 65, 390   **17.** 40, 640

06 세 무게의 합 164~165쪽

1. 7, 700   **2.** 6, 800   **3.** 9, 500
4. 9, 300   **5.** 7, 930   **6.** 13, 440
7. 5, 150   **8.** 7, 150   **9.** 5, 230
10. 5, 850   **11.** 8, 750   **12.** 8, 630

꽃 모둠

07 세 무게의 차   166~167쪽

1. 2, 900   2. 1, 700   3. 3, 700
4. 1, 900   5. 3, 480   6. 5, 150
7. 3, 100   8. 6, 200   9. 3, 550
10. 2, 880   11. 2, 370   12. 1, 830

08 세 무게의 합과 차 (1)   168~169쪽

1. 4, 200   2. 5, 700
3. 4, 700   4. 6, 300
5. 9, 970   6. 4, 720
7. 6 kg 100 g, 3 kg 300 g, 4 kg 360 g
8. 3 kg 600 g, 4 kg 870 g, 3 kg 620 g
9. 1 kg 780 g, 5 kg 370 g, 2 kg 690 g

7~9. (남은 무게)=(전날 남은 무게)+(오늘 들어온 무게)
　　　　　　　－(오늘 사용한 무게)

09 세 무게의 합과 차 (2)   170~171쪽

1. 4, 200   2. 6, 300
3. 8, 500   4. 7, 200
5. 6, 640   6. 9, 130
7. 37, 600   8. 34, 800
9. 37, 100   10. 34, 870
11. 37, 70   12. 38, 540

7. (어린이의 몸무게)+(고양이의 무게)
　　=38 kg 400 g－(강아지의 무게)+(고양이의 무게)
　　=38 kg 400 g－3 kg 500 g+2 kg 700 g
　　=34 kg 900 g+2 kg 700 g
　　=37 kg 600 g

10 집중 연산 ❶   172~173쪽

1. (위부터) 5 kg 800 g, 8 kg 300 g
2. (위부터) 3 kg 400 g, 6 kg 800 g
3. (위부터) 11 kg 120 g, 21 kg 660 g
4. (위부터) 6 kg 260 g, 1 kg 570 g
5. (위부터) 14 kg 800 g, 19 kg 120 g
6. (위부터) 3 kg 720 g, 14 kg 570 g
7. (위부터) 26 kg 400 g, 35 kg 620 g
8. (위부터) 9 kg 820 g, 23 kg 960 g
9. 5 kg 600 g   10. 3 kg 300 g
11. 8 kg 900 g   12. 3 kg 500 g
13. 11 kg 800 g   14. 4 kg 700 g
15. 14 kg 420 g   16. 4 kg 780 g
17. 21 kg 300 g   18. 7 kg 590 g
19. 28 kg 250 g   20. 12 kg 230 g

11 집중 연산 ❷   174~175쪽

1. 8 kg 800 g   2. 6 kg 600 g
3. 8 kg 200 g   4. 10 kg 900 g
5. 5 kg 890 g   6. 13 kg 260 g
7. 13 kg 270 g   8. 20 kg 580 g
9. 39 kg 350 g   10. 3 kg 400 g
11. 2 kg 200 g   12. 4 kg 50 g
13. 4 kg 500 g   14. 2 kg 780 g
15. 13 kg 850 g   16. 4 kg 700 g
17. 7 kg 250 g   18. 12 kg 650 g
19. 9 kg 180 g   20. 6 kg 100 g
21. 4 kg 300 g   22. 4 kg 800 g
23. 2 kg 450 g   24. 8 kg 800 g
25. 4 kg 100 g   26. 5 kg 170 g
27. 10 kg 830 g

빅터 연산
플러스 알파   176쪽

1. 123456787654321
2. 444444442222222

이쯤에서 실력 체크

수학 단원평가

각종 학교 시험, 한 권으로 끝내자!

수학 단원평가

초등 1~6학년(학기별)

쪽지시험, 단원평가, 서술형 평가 등 다양한 수행평가에 맞는 최신 경향의 문제 수록
A, B, C 세 단계 난이도의 단원평가로 실력을 점검하고 부족한 부분을 빠르게 보충 가능
기본 개념 문제로 구성된 쪽지시험과 단원평가 5회분으로 확실한 단원 마무리

정답은
이안에
있어!